JN048566

星空をつくる機械

プラネタリウム100年史

井上 毅
明石市立天文科学館 館長

KADOKAWA

はじめに

　プラネタリウムを見たことがあるだろうか？

「ある」と答えた方、きっかけはなんだろう？　「子供のころ家族と一緒に」「学校の遠足で」「デートで」「話題の作品があって」「星が見たくなって」「なんとなく」など、いろんな答えが返ってきそうだ。

　プラネタリウムにはどんな思い出があるだろう。筆者が聞くと、「よく覚えていないけど」「星がきれいだった」「迫力にびっくりした」「解説が面白くて笑っていた」「隣のおじさんがいびきをかいていた」「なぜか涙で星がにじんだ」など話題が膨らんでいく。プラネタリウムと関係のないエピソードで盛り上がることも多い。プラネタリウムをきっかけとして思い出が次々に出てくる。独特の雰囲気を持っているためか、プラネタリウムは記憶の付箋のような存在になっている。

　プラネタリウムの特有の雰囲気は、丸いドーム空間と、全天に広がる星空や映像によって作り出される。ところがその中心にどんな機械があったか覚えている人はあまり多くない。場所ですらあいまいなことさえある。なぜだろう。プラネタリウムの主役は星空であり、映像である。主役を引き立たせるために、設備は気配を消して、縁の下の力持ちの存在となっている。そのせいで、記憶に残っていないのだろう。とてももったいない。控え目だけど良い仕事をする「星空をつくる機械」は、魅力に満ちあふれている。

申し遅れたが、筆者は明石市立天文科学館に勤務している。館には1960年より稼働を続けるクラシカルなプラネタリウムがあり、開館日には毎日4、5回の投影が行われている。1回の投影は約50分。日の入りから日の出まで一夜の星空を生解説で案内している。筆者は25年以上、約50万人の方々に、星空の案内をしてきた。お話を聞いてくださる方々とプラネタリウムで星空の美しさを共有する時間はとても素晴らしく、何百回・何千回と見ていても飽きることがない。本当に不思議だ。

筆者は星が好きで天文普及に携わる学芸員の道に進んだ。ただ、明石市に就職するまで、実際の星空をたくさん眺めた経験はあっても、プラネタリウムのことはあまり詳しく知らなかった。ところが、プラネタリウムに関わるにつれ、投影機の機構の見事さ、プラネタリウムに関わる面白い人たち、関連する様々なエピソードを知り、年を追うごとにプラネタリウムの魅力が体に染み込んでいったようだ。今ではプラネタリウムを研究することがライフワークのひとつとなっている。

そんな折、2023年に、近代プラネタリウムがドイツで誕生して100周年という年がやってきた。詳しくは本文を読んでほしいが、1923年に「イエナの驚異」とよばれたプラネタリウムが誕生し、いまや世界には4000を超えるプラネタリウムがある。100周年を迎えるにあたり、筆者はプラネタリウムの歴史をまとめてみようと考えた。当館は長年にわたり、プラネタリウムに関するいろんな資料の収集を行っている。また、国内プラネタリウムの関係者で作られた組織である日本プラネタリウム協議会（JPA）では、歴史をまとめるワーキンググループがあり、様々な情報が集まっていた。筆者もメンバーの一人として、専門的な調査を行ってきた。100周年を機に、プラネタリウムの歴史本を製作できることになり、本書を執筆することになった。

本書は、時代順にプラネタリウムの歴史をまとめている。各章は独立した内容になっている。はじめから読む必要はなく、気になった章から読んでいただいても大丈夫だと思う。

本書ではまず近代プラネタリウム誕生の前史として、第1章と第2章で数千年前に及ぶ天文学の歴史を追ってみた。特にプラネタリウムの特徴といえる丸いドームのルーツである「天球儀」と、星の動きを再現する装置のルーツである「天体運行儀」について2章をかけて、詳しく眺めてみた。まとめているうちに筆が乗って、途中に余談のようなエピソードも紹介してみた。

　第3章は、本書の一つの山場だ。近代プラネタリウムが誕生した時の様子を詳しく記述した。天球儀と天体運行儀が合流し、光学と電気の技術が加わって、感動的な発明がなされたようすを、ぜひ知ってほしいと思う。国内外の文献を可能な限り読み込み整理する作業は大変だったが、面白かった。本章ではプラネタリウムの仕組みについても紹介した。投影機の機構で疑問があるときは、館内のプラネタリウム投影機を間近に見て、繰り返しその仕組みを確認した。館職員たちにはちょっと不気味に見えたかもしれない。無言でプラネタリウムのそばで腕組みし、わかりやすい説明方法を考え続けた。

　第4章では、プラネタリウムが世界に広がる様子、特に戦前・戦後に日本にツァイス・プラネタリウムが輸入され、定着していく様子を詳しく記述した。先行研究が非常に参考になった。第5章では、国産プラネタリウムの誕生についてまとめた。実に多くの人がプラネタリウム作りに魅せられた。第6章は後半の山場である。日本のプラネタリウムの発展を中心に現在に至る歴史を眺めた。メーカーの想い、各館のプラネタリウム担当者の情熱、新しい技術の開発経緯などを盛り込んだ。

　本書を記述するにあたり、国内のメーカーの技術者、プラネタリウム館の担当者、プロの天文学者、アマチュア天文家、プラネタリウムのファンなど、非常に多くの方々から話を聞いた。感謝するばかりだ。取材の中で文献に出ていない生の声を書き留めることができた。技術者の思いは、表に出ることなく消えていくことも多い。表現しきれない部分もあるが、ある程度評価の定まった時代の出来事はかなり詳しく記録することができたと思う。わかりやすくするために複雑な話を泣く泣く省略したが、それでも関係者のみが知るエピソードを多く盛り込んだつもりだ。

本書は、プラネタリウムが好きな人には、間違いなく興味深く感じてもらえると思う。プラネタリウムの魅力の再確認や新発見になると嬉しい。時々プラネタリウムに行くけど「星空をつくる機械」には特に関心がなかったという方には、ぜひ読んでほしい。プラネタリウムの隠された魅力を知る機会になり、プラネタリウムの楽しみが何倍にもなるだろう。何かのはずみ(?)で、仕事としてプラネタリウムに関わることになった人には、本書は一種の参考書になると思う。最新のすごい技術の意味を知るために必要な歴史を知ることができるだろう。プラネタリウムにはそれほど興味はないが、天文学には興味がある人にもぜひ読んでほしい。宇宙の模型を作る人々という、天文学史の興味深い側面を知ることができるだろう。技術の発展史や博物館の歴史などの視点に興味を持つ方に読んでいただければ、筆者の気づかなかった関連事項が出てくるのでは、という期待もしている。

プラネタリウムを見たことがない方にもぜひ読んでほしい。とても不思議で面白い世界があると知ることは、大げさかもしれないが、人生にとって何らかのプラスになることだろう。可能なら、いろんなプラネタリウムを訪れて本書を読み返してほしい。日本には幸いなことに300のプラネタリウムがある。いろいろな気づきがあるだろう。そしてあなたのプラネタリウム体験を誰かに語ってほしい。その体験は、プラネタリウムの歴史における貴重なひとつのエピソードである。本書を読めばその意味が分かるだろう。

それでは、魅力あふれるプラネタリウムの歴史の旅に出かけよう。

星空をつくる機械　プラネタリウム１００年史　目次

第2章　天体運行儀の歴史——プラネタリウム前史（2）　51

第6章 日本のプラネタリウムの歩み 201

水平型

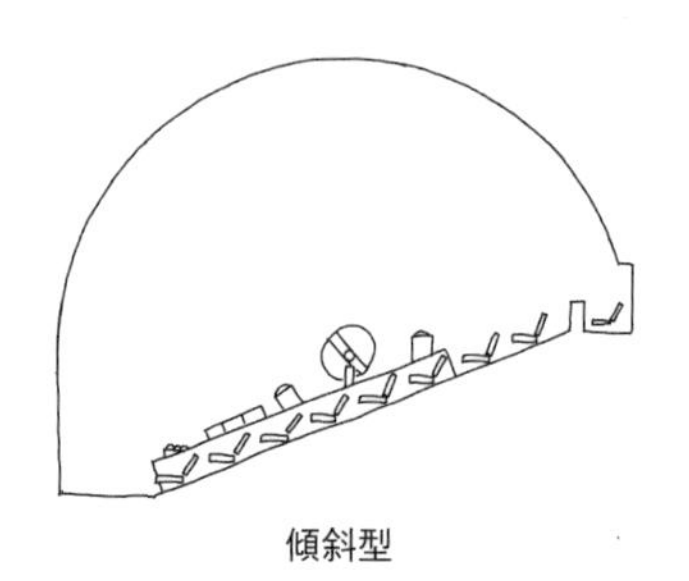

傾斜型

座席の配列

初期のころは、イスを自由に置く形式が取られたが、やがて床に据え付けられるようになった。現在の座席配列は大きく分けると、同心円式と一方向式に分けられる。

同心円式は、投影機を中心として同心円状に配列される。どの席からも星空を大きく見渡せる利点がある。観客の正面は天頂方向になる。一方向式は、映画館のように同じ方向へ向いた座席配列である。全員が同じ向きを見るため映像作品の上映に向いている。一方向式と同心円式の両者の特徴を合わせた馬蹄形式や、回転する座席もある。

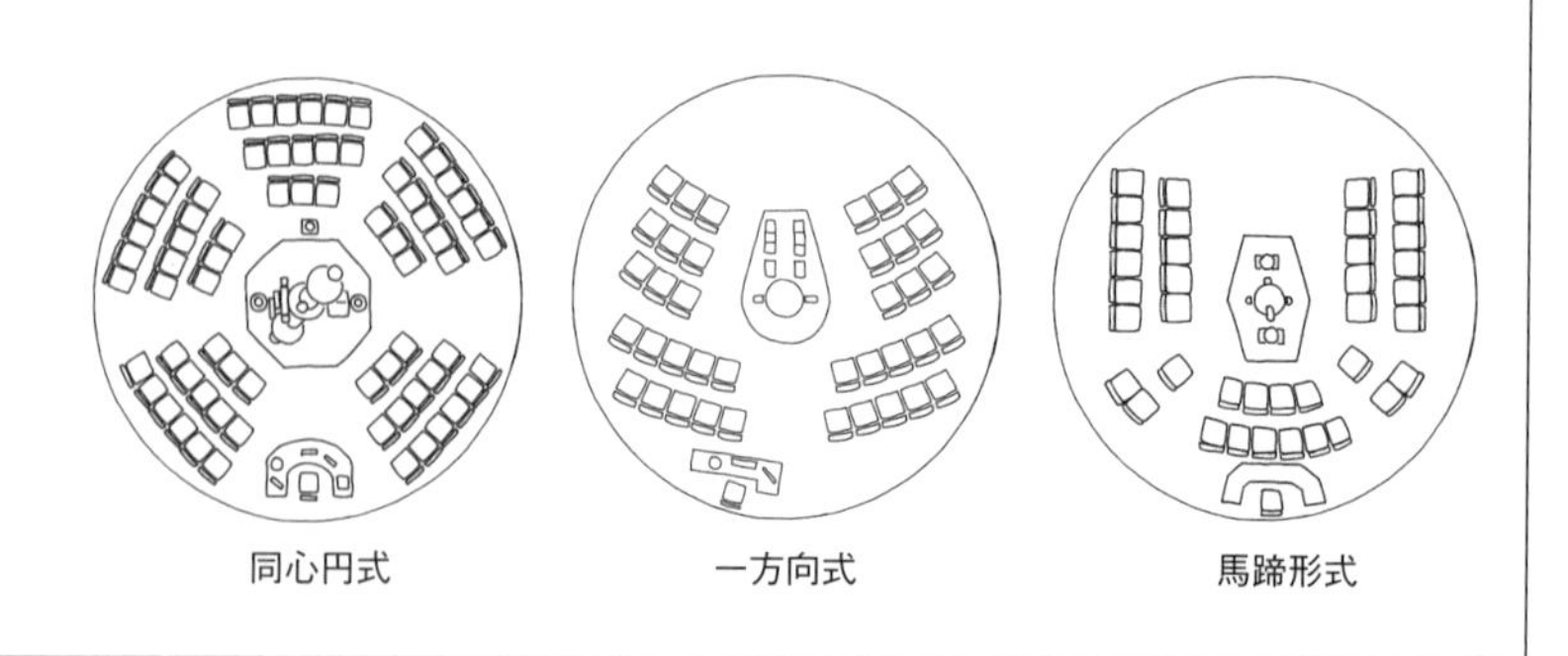

同心円式　　一方向式　　馬蹄形式

プラネタリウム基礎知識①

解説

プラネタリウムでの解説には、生解説（ライブ解説）とオート番組がある。生解説は、近代プラネタリウム誕生の最初期から用いられており、解説者の肉声によりその場で説明が行われる方法だ。来館者とのコミュニケーションが取れるほか、観客に合わせて臨機応変に対応することができ、古いながら今なお支持されている。プラネタリウムの操作はマニュアルで行われることが多いが、予め用意した演出に合わせて解説されることもある。

オート番組は、投影の動作と連動して、解説が予め録音されたものである。近年制作される番組は、全天周映像を用いたオート番組が大半を占めている。少ないながら、従来型の説明用スライドを使ったオート番組の上映を続けているところもある。

生解説とオート番組を、投影時間内の前半と後半に分けてそれぞれ用いる館や、交互にスケジュールしている館も多い。

ドーム

プラネタリウムの特徴は、丸いドームである。おおむねドームの直径が10m以下は小型、10〜20mは中型、20mを超えると大型ドームとされる。ドームには、床面に対して平行に設置した水平型と、映画館のような階段状の座席にあわせて斜めに傾けて設置した傾斜型がある。

デミー型とも呼ばれる。南北の恒星球が中央にあり、両端に惑星棚が配置される。スペースシアター型は、傾斜型ドームに合わせて開発され、恒星球と惑星棚は分離した構造であり、近年は水平ドームにも設置されている。

デジタル式プラネタリウム

デジタル式は、コンピューターで生成された画像を超広角のビデオプロジェクターでスクリーンに投影する。プロジェクターは、単独もしくは複数台を組み合わせて用いる。

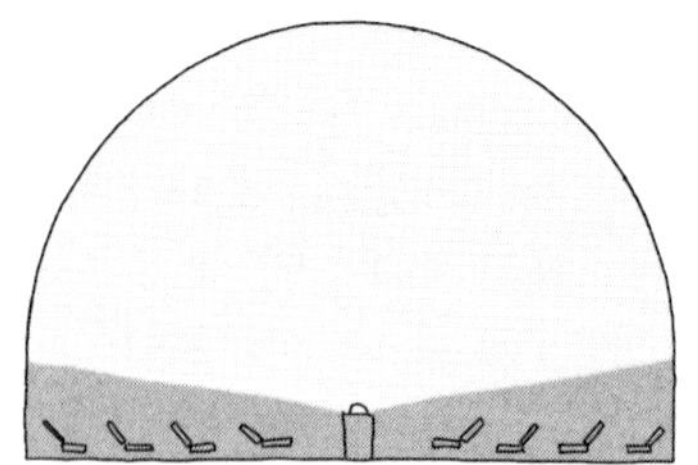
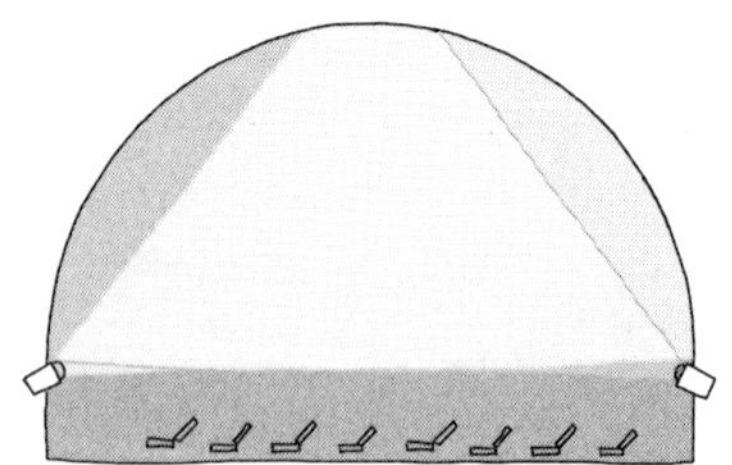

デジタル式は星像の美しさでは光学式のプラネタリウムに劣るが、地球を飛び出した視点からの星空の表現や、迫力ある全天周映像では力を発揮する。最近は、自発光するLED素子をドームに配列したLEDディスプレイドームも登場している。

＊「プラネタリウム」には、施設、投影機、番組内容など複数の意味がある。本書では文脈に応じて使用した。

プラネタリウム基礎知識②

投影機の種類

投影式プラネタリウムは、光学式（レンズ式）、ピンホール式、デジタル式の３種類がある。ピンホール式は学園祭の自作プラネタリウムなど簡易なものである。

光学式プラネタリウム

光学式は、光らせた天体像をレンズによって投影する。美しい星空が特徴である。光学式の構造は、恒星球（恒星を投影する機構）と惑星棚（太陽系を投影する機構）に分かれる。恒星球と惑星棚の配置により、ツァイス型、モリソン型、スペースシアター型に分類できる。

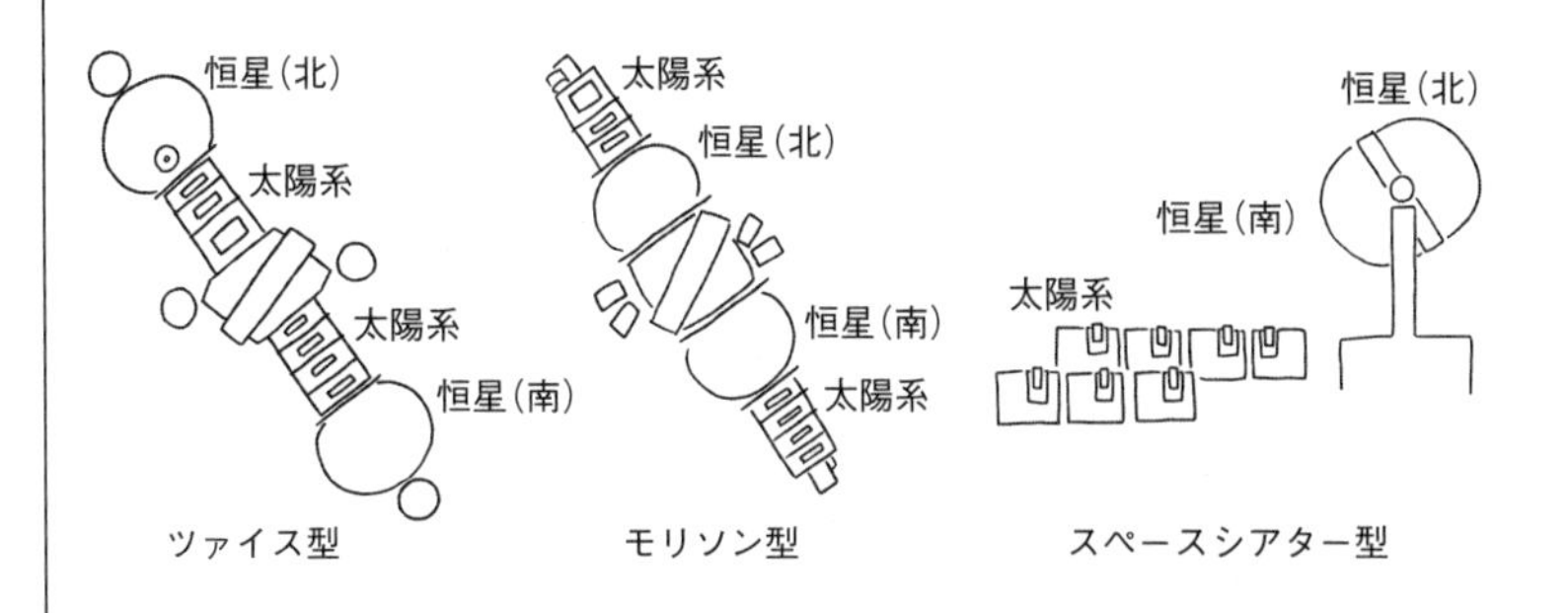

ツァイス型は、ツァイスⅡ型で開発された形式で、南北の恒星球が機械の両端にあり、中央に惑星棚がある。モリソン型 は、米国カリフォルニア科学アカデミーで開発された形状で、アカ

編集協力　髙井智世
装丁　國枝達也

第1章　天球儀の歴史——プラネタリウム前史（1）

プラネタリウムのルーツとしての天球儀

プラネタリウムといえば特徴は丸いドームだ。これは地上から星空が球体のように見えることを表している。この球形を、天球という。

天球を実感するには、見晴らしの良い展望台でよく晴れた日に空を見上げるとよい。大空がドームのように自分を覆うイメージを持つことができるだろう。

もし仮に、満天の星の下ですごせば天球をより実感できるだろう。空に固定されているように見える星座が、10分、20分と経過するにつれ移動する。1時間も経過すればその動きは明確だ。西の星座は地平線の向こうに消えていく。東の地平線からは、星が出現する。北極星はほぼ動かない。全体として、球面に貼りついた星たちは北の1点を中心として、回転するように見える。小学校の理科の教科書に掲載されている知識であるが、天球という概念のお陰で、私たちは簡単に星の動きを理解することができる。天球は、古代の天文学者による素晴らしい考え方なのだ。

天球儀は天球の模型だ。天球儀には星座座標の線などが描かれ、天球を理解したり星座

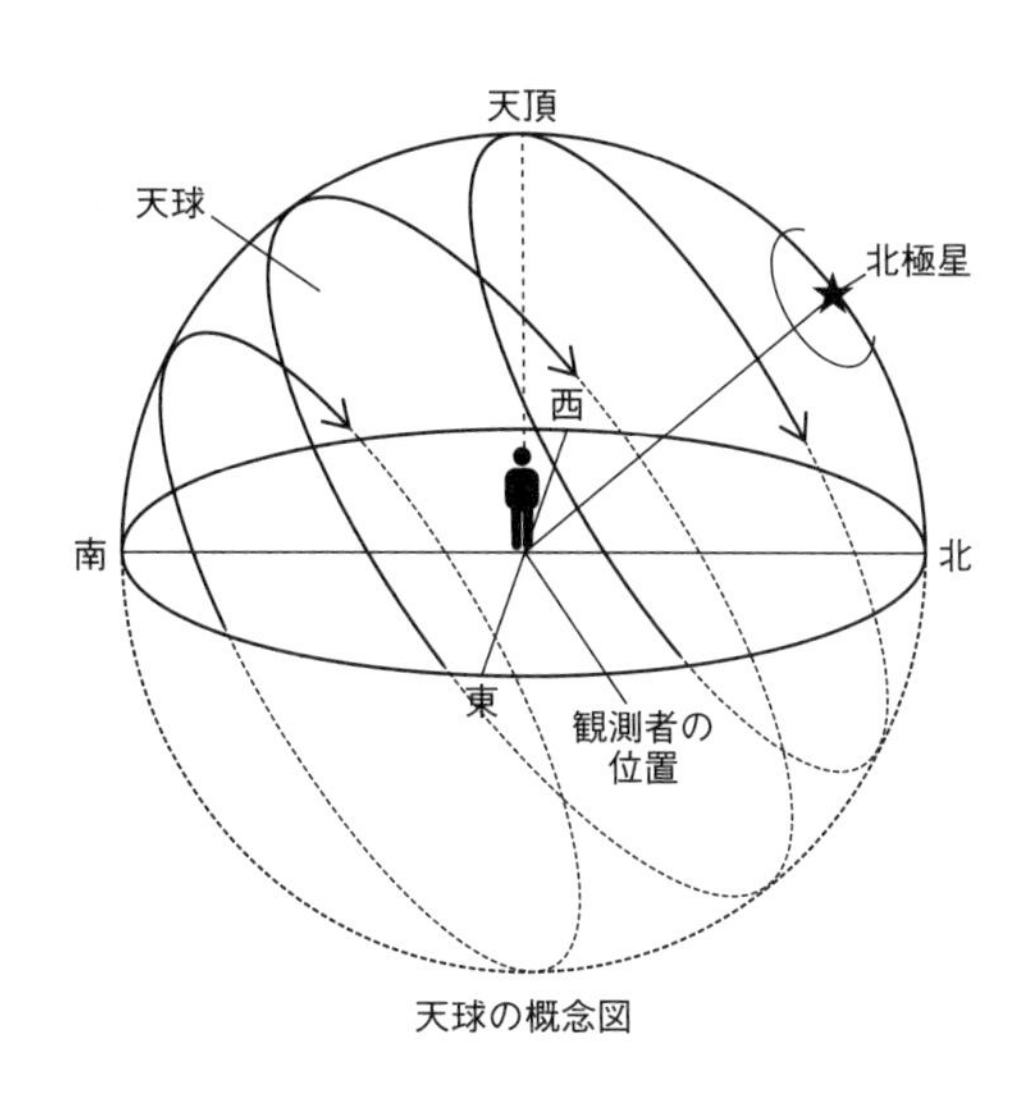

天球の概念図

を学んだりすることに役立てられた。天球儀は古代ギリシャで製作された。近世になると、天球儀の内部に入り込むタイプのものが作られ、これが近代的なプラネタリウムのドームに映し出される星空へと進化していった。天球儀はプラネタリウムの歴史を考えるうえで重要なルーツの一つである。

本章では、天球儀の発展史と関連する天文学の発展をともに見ていこう。

古代メソポタミアでつくられた星座

天球儀は、現代のプラネタリウムと同じく、専門的な星座や天文学の知識を一般に広める役割も持った。

天球儀には星座が描かれた。星座のルーツは古代メソポタミアにさかのぼる。

古代メソポタミア文明は、世界最古の文明とされ、約5000年前、チグリス川とユーフラテス川に挟まれた肥沃なメソポタミア地方で発達した。

星座は、紀元前3200年頃から紀元前500年頃まで段階的に発展した。星座はカレンダーと宗教の両面で役立てられたと推測される。季節ごとに変わる星座はカレンダーとして農民が作物を作る時期を知るために使われた。一方で、天体は神と考えられた。天体の動きは神の意思であり、その意思を読み取ること、つまり占星術が天文学の大切な目的になった。古代メソポタミアでは、天体観測のための設備を作り、記録を行った。記録から天体の周期性を見出し、天体の位置を予測し、国家の行く末を占った。古代メソポタミアの人々は、粘土板に楔(くさび)形文字で記録した。暦や天体の記録が書かれた粘土板も残されている。

昼、太陽が輝くときでも、その背後に星があることもすでに理解されていた。太陽の通り道(黄道)に並ぶ星座(黄道十二星座)も生み出された。星座の題材には、神、動物、日常使っている農具などが用いられ、星の群れを利用した予言とそれを利用した暦が作成された。星座は紀元前1300年~紀元前1100年頃に完成した。なお、「羊飼いが星座を作った」という説が紹介されることがあるが、その根拠はない。

紀元前5世紀頃にメソポタミア地域がペルシャの支配下に入ると、国家の将来に対する関心は低くなり、占星術の目的は個人の運命を占うことに変わっていった。このころ古代メソポタミア天文学の体系化はほぼ完成し、古代ギリシャに大きな影響を与えた。古代メソポタミアの星座を知る資料としては、境界石という土地の境界を示す標識に刻まれたものが知られている。

古代メソポタミア天文学の影響は、比較的早い時期から周囲にも広がった。ドイツのネブラで発見された「ネブラの天文盤」は、紀元前１６００年頃製作されたと考えられている。直径32センチの青銅製の円盤で、金で装飾された月や星が描かれている。メソポタミアの粘土板と内容が合致していて、ヨーロッパの青銅器時代に、暦を知るために作られた円盤と考えられている。

古代エジプトで生まれたカレンダー

古代エジプト文明は、メソポタミア文明とほぼ同じ約５０００年前にナイル川流域で誕生した。エジプト文明は、現在の暦や時刻制度にも影響を残している。

エジプトの周囲はサハラ砂漠であり、過酷な環境である。かつて砂漠は周囲からの攻撃を防ぐ城壁のような役割を果たし、結果的にエジプトは非常に長い期間にわたり安定した文明を築くことができた。巨大なピラミッド建設はその象徴である。ナイル川は定期的に氾濫（はんらん）した。これによりあふれた水は恵みの水となるため、人々はナイル川が増水する時期に大きな関心を寄せた。それを知るために整備されたのが、暦だ。ナイル川の増水時期は、シリウスが夜明け前に出現する時期と重なることに気が付き、星の観測を行うようになった。これが、現在の1年365日や24時間制のルーツになっている。少し複雑だが、内容は次の通りである。

紀元前2500年〜2100年頃、古代エジプトではデカン（Decans）とよばれる独自の星座体系が作られた。デカンとは、およそ10度ずつ離れ、天球をぐるっと一周する36組の星あるいは星のグループのことである。古代エジプト人は、「夜明け前に昇り、明るくなる空に消えていくデカン」に注目した。東から昇る星は、1日あたり4分ずつ早く昇る。10日経過すると40分早く昇り、夜明けの時点で少し高度が高くなる。結果、東隣のデカンが「夜明け前に昇り、明るくなる空に消えていくデカン」となる。このデカンは10日ごとに変わり、36組が通過するとほぼ1年が経過する。シリウスは重要なデカンだ。シリウスが夜空け前に出現するタイミングが1年の起点となったが、それは夏の時期で、現在の7月頃にあたる。夏は夜が短く、星が見えるのは1日のうちの3分の1である。一夜の間空を見ていると、次々にデカンが東の地平線から昇ってくる。新年の始まりの合図となるシリウスが昇ってきて、夜明けの空に消えていく夜は、36のうちの12のデカンが昇るタイミングだったことから、古代エジプト人は、夜を12に分割した。それにあわせて昼も12分割した。こうしたシリウスの観測は1日を24時間とし、1年を365日とすることのルーツになっている。

第19王朝のセティ1世王墓の玄室の天井には、古代エジプトで最も古い天文図がある。古代エジプトの神殿や墓の天井には「滅びない星々」とよばれる北天の星座、つまり地平線の下へ沈むことのない周極星が描かれた。

古代ギリシャの天文学

古代メソポタミア、古代エジプトなど広い周辺地域の影響を受けて、古代ギリシャは文化を大発展させた。当時、地中海沿岸部に存在したフェニキア人は、海上を移動する際、星を見て方位を知るという技術を、古代メソポタミアの天文学から学んだ。そしてフェニキア人は、古代ギリシャに古代メソポタミアの天文学を伝える役割を果たした。

古代ギリシャにも星座はあったようだ。紀元前8世紀頃の詩人であるホメロスの作品『イリアス』と『オデュッセイア』には、星座が登場する。

『イリアス』では、主人公アキレウスの盾の模様に星座が描かれる。盾は5層構造で、中心部の説明として「大地と天空と海。疲れを知らぬ太陽、満ちゆく月、全ての星座」と歌われる。ここでいう「全ての星座」とは、当時（前800年頃）のギリシャの人々が知っていたプレアデス、ヒュアデス、オリオン座、おおぐま座を指す。ギリシャにおける最も古い星座の記述である。『オデュッセイア』には、主人公オデュッセウスが星を使って航海を行う描写がある。

紀元前8～7世紀にヘシオドスが著した『仕事と日々』には、プレイアデスやオリオン、シリウス、アルクトゥルスと季節の関係についての記述がある。文学作品は歴史そのものが記されたものではないが、古代ギリシャの人々の考え方や知識、文化を知るための重要な資料である。作品の描写から、星座について知識を持っていたことや、航海術で天文知識を活かしたこと、星を見て知った暦を農耕に役立てたことがわかる。天文の知識は生活に役立つ実用的なものだった。

この時代、全天の星座は知られていなかったようだ。天球の概念もない。天球が生み出されるのは古代ギリシャに哲学者が登場してからである。

天球儀の誕生

はじめて天球儀を作ったのは誰だろうか。古代の著述家たちによると、それはミレトスのタレス（前624年頃—前546年頃）だという。タレスはフェニキア人の子孫で、古代ギリシャ最初の哲学者とされる。タレスには天体観察に夢中のあまり、溝に落ちてしまったというエピソードがある。そばにいた女性に、「遠い星のことはわかっても自分の足元

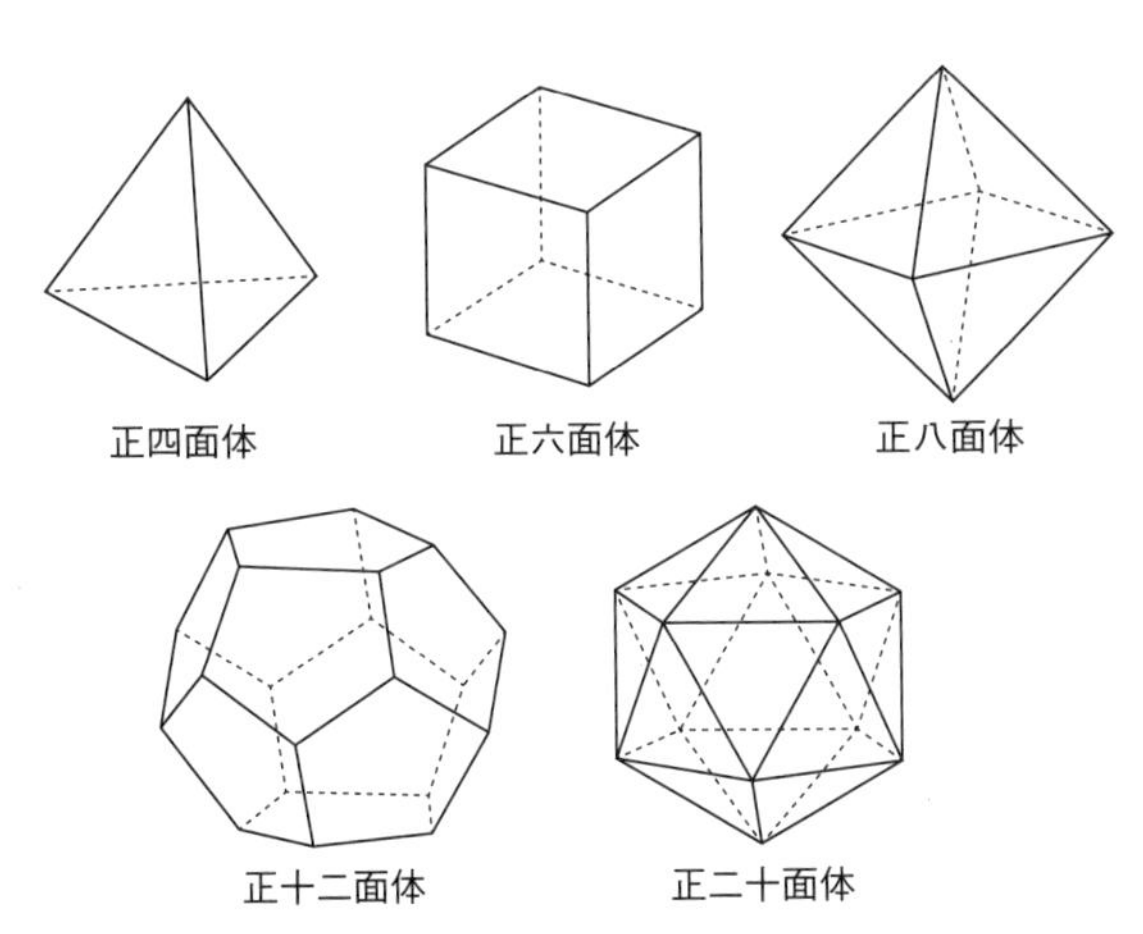

宇宙の基本要素に対応すると考えられた５つの正多面体

のことはわからないのか」と笑われたという。タレスは日食を予言して的中させたなど、多くの逸話があるが、どこまでが事実なのかはよくわかっていない。魅力あふれる人物だったのは間違いないだろう。

星座が描かれた天球儀を初めて製作したのはエウドクソス（前４０８年?—前３５５年?）とされている。エウドクソスはエジプトで暮らし、後にアテナイで活動した。アテナイは紀元前5世紀頃の文化の中心地でもあり、他にもソクラテス（前４７０年頃—前３９９年）、プラトン（前４２８年頃—前３４８年頃）、アリストテレス（前３８４年—前３２２年）といった哲学者たちが活躍した。エウドクソスはプラトンの弟子である。

ギリシャ天文学は、これらの哲学者たちによって新たな展開をみせる。それまでのギリシャ天文学は、暦を作ることが重要視されていたが、プラトンとエウドクソスは恒星だけでなく惑星にも関心を持ち、その複雑な動きを説明しようとした。

プラトンは理想主義者だった。私たちが見る世界は「イデア（実相）」の影と考え、見えているものは、幻影であるとした。プラトンはイデアに近いものとして数学を重んじた。天文学でも数学を高度に駆使した。五つの正多面体が宇宙の基本要素に対応すると考え、これらの組み合わせによって生まれる最高の合理的な美をもつ円運動を宇宙の基本と考えた。そして、大地は球であり、天球で囲まれているものだと考えた。天球上に太陽の通り道である黄道があり、惑星たちが黄道付近をそれぞれのペースで巡っている。これをどのように数学的に説明するか、ということに深い関心を持っていた。

エウドクソスは数学に優れた才能を持っていた。「円錐の体積は同じ底面と高さを持つ円柱の3分の1」ということを証明したのも彼である。エウドクソスは師にならって、数学を用いて宇宙の姿を説明しようとした。エウドクソスは、「地球は球体で、宇宙の中心にある」とした。宇宙の姿は同心球であり、星座の星や太陽・月・惑星はそれぞれ違う天球に貼りついていると考え、天球は地球を中心に回転しているとしたのだ。この同心球のモデルは地球中心説あるいは天動説と呼ばれている。天動説は2000年近く宇宙モデルの標準となった。

宇宙のモデルは古代メソポタミアにはなかったものだ。古代メソポタミア天文学は観測から周期性を見つけ、計算によって惑星の位置を決めるというものだった。エウドクソスは、幾何学的な宇宙のモデルを古代メソポタミア天文学の知識と融合させた。これは大きな発展だった。なお、エウドクソスは、宇宙のモデルを数学的なものと考え、現実に天球が存在するとは考えていなかった。

アリストテレスは、古代の哲学者の中で最も大きな影響を残した人物である。エウドクソスと同じくプラトンの弟子だったが、アリストテレスは、何かと師に反発した。プラトンを理想主義者とするならば、アリストテレスは現実主義者だった。アリストテレスはプラトンのイデアを否定した。多様性を擁護し、あらゆるものを観察し、そこに本質があるとした。プラトンは外見に騙されるなとしたが、アリストテレスは観察を重んじた。後にアリストテレスはプラトンの学校を飛び出し、リュケイオンという学校を創設している。

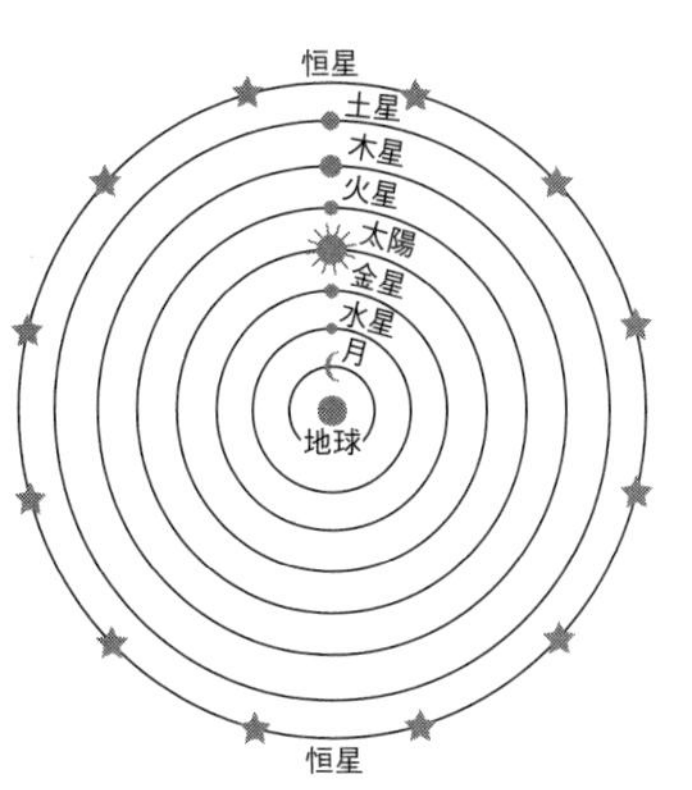

天動説にもとづく同心球のモデル

天文学においては、プラトンやエウドクソスが天球を概念上のものと考えたのに対し、アリストテレスは天球が実在すると考えた。理想と現実の議論、あるいは理論と実践の対比は現在も繰り返し登場するものだ。

筆者の推測だが、天球儀を前にした時、プラトンとエウドクソスは観念上のものとして眺め、アリストテレスはリアルに実在するもののミニチュアとして眺めたのではないだろうか。現代のプラネタリウムを彼らが眺めたら、どのような感想をいうのだろうか。「やはり自分が正しい」と、お互いに主張しあう気がする。

エウドクソスに話を戻そう。エウドクソスは、紀元前350年頃『パイノメナ』という天文書を書いた。この天文書は残っていないが、詩人アラトス（前310年頃—前240年頃）による同名の叙事詩『パイノメナ』は、エウドクソスの著作を参考にしたものであり、彼の記述をうかがい知ることができる。

アラトスは、キプロス島の北、ソロイで生まれ、エペソスとアテナイで学んだという。紀元前275年頃に書きあげられた『パイノメナ』は、主に天文学と気象学の二つのテーマを扱っている。天文学の部分では星座の様子や位置、その出没が記述され、時には神話的背景なども述べられている。現在も知られる44の星座が体系的にまとまった最古の資料となっていて、エウドクソスの行った仕事を間接的に知ることができる。

アラトスの『パイノメナ』には不正確な記述が見られることから、アラトス自身は、天文学に精通していたわけではないと考えられている。しかし彼の『パイノメナ』は分かり易い表現や作り込まれた文体などにより、ギリシャやローマで非常に人気を呼び、多くの注釈書が残され、ラテン語でも翻訳された。
古代の天球儀は、『パイノメナ』に準じて解説された。まさにプラネタリウムの解説本のご先祖様といえるだろう。

ヘレニズム期天文学の大発展

アリストテレスは、アレクサンドロス3世（前356年頃―前323年）の家庭教師をしたことでも知られている。アレクサンドロス3世は20歳でマケドニアとギリシャの王になると、32歳で人生を終えるまで、南北1600キロメートル、東西4000キロメートルに及ぶ大帝国を築いた。これによりギリシャの文化の影響が遠方にまで広がるとともに、様々な文化と融合されていった。アレクサンドロス3世の死（前323年）からプトレマイオス朝最後の女王クレオパトラ7世の死（前30年）までをヘレニズム期という。それまでのギリシャ文化を引き継ぎながら、さらなる発展が起こった時代である。ギリシャの天文学もこの時代の中で更なる発展を遂げる。

エラトステネス（前276年頃―前195年頃）はヘレニズム期を代表する人物である。彼は非常に博学な人物で、様々な分野において優れた業績を残した。数学者としては、素数を見つけるための「エラトステネスのふるい」を考案した。アレクサンドリアにあった図書館の館長職（3代目）に就き、運営に尽力しただけでなく、ピロロゴス（学者）と自称し収蔵された巻物を大いに活用して研究を行ったという。

天文分野の活動として、星座と神話を結び付ける物語と700個近くの星を記述した文献『カタステリスモイ』の執筆を行った。また、夏至における太陽の南中高度を異なる2地点から観測し、地球の円周を計算したがその値は、当時としては驚くべき正確さだった。エラトステネスは地球の大きさをもとに、世界地図を描いた。これにより当時の人々は世界の広さを視覚的に知ることができ、その大きさに戸惑った。エラトステネスはいずれの分野にも秀でており、天才アルキメデスのよき友人でもあった。第2章で紹介する「アルキメデスの天体運行儀」は、天球儀と並んでプラネタリウムの重要なルーツである。

ヘレニズム期に最も活躍した天文学者はヒッパルコス（前190年頃―前120年頃）だ。ヒッパルコスはその時代にとどまらず、古代最高の天文学者と呼ばれることもある。ヒッパルコスは、古代メソポタミア天文学を学び、ロードス島で長期にわたり天体観測を行った。観測のため、アーミラリー天球儀（渾天儀）やアストロラーベのような道具を作った。アーミラリー天球儀は、金属のリングで構成され、赤道、黄道、子午線、緯線などを表現したものである。星の動きの説明や、天球上の星の位置の観測に重要な道具だった。アストロラーベは、円形をした金属板で、360度の目盛が配されており、使う際には上部のリングを指にぶら下げる。円盤の中心に取り付けられた差し棒を天体の高度に合わせて回転させ、仰角を読み取るしくみだ。ヒッパルコスがこのしくみのどこまでを開発したかは不明だが、望遠鏡が発明される17世紀までは重要な天体観測装置だった。

ヒッパルコスは恒星の明るさを1等から6等までに分類した。また1日を24時間に区分し、太陽時と恒星時の差が1日4分あることを見出した。天球においては緯度と経度の座標を導入し、詳しい観測を続けた。そして過去の天体観測と比較した結果、天球全体が1００年で約1度（正確には72年で1度）西に回転していることを発見した。これは歳差運動と言って、地球の回転軸が２５８００年周期で首振り運動をするものである。この歳差運動により、北極星は長い年月で移り変わる。天球の概念があれば歳差の説明は可能だが、筆者には、古代の観測レベルと知識を考慮すると天才的発想と思える。

ヒッパルコスはエウドクソスとアラトスの『パイノメナ』の天文学的記述において綿密な注釈書を書いた。この注釈書の他にヒッパルコスの現存する著作はほとんど残っていないが、ヒッパルコスの知識の正確さや高度さ、そして独創力は同時代から高く評価されており、その後３００年にわたり、ヒッパルコスに匹敵する天文学者は出現しなかった。

プトレマイオスの『アルマゲスト』

ヘレニズム期の後、ギリシャはローマ帝国の支配下となったが、引き続き、学術の研究は行われ続けた。古代ギリシャの天文学をまとめ上げたのが、クラウディオス・プトレマイオス（83年頃—168年頃）だ（プトレマイオス朝と同名であるが関係はない）。

プトレマイオスは書物『数学大全』を著した。同書はギリシャ語で記述されたが、9世紀にイスラムの科学者によってアラビア語に翻訳され、『偉大な書（アルマゲスト）』と呼ばれるようになった。こちらの名前の方が一般的であるから、本書では以降『アルマゲスト』と呼ぶことにする。

プトレマイオスは『アルマゲスト』においてヒッパルコスの星表を増補し、1028の星の座標位置、光度、48の星座を記載した。また惑星の複雑な運動を説明するために、エウドクソスの同心球説を発展させ、各惑星がそれぞれ周転円に沿って運動するというモデルを紹介した。プトレマイオスは、占星術の書である『テトラビブロス』も残している。『アルマゲスト』と『テトラビブロス』は、その後1400年にわたり、天文知識の圧倒的な権威であり、基準となった。

古代ギリシャの天文学は、プトレマイオスに代表されることが多い。地球は宇宙の中心にあり、天体は地球を中心に運行するという天動説も、プトレマイオスの宇宙観と呼ばれる。なお、太陽を宇宙の中心として、地球は太陽の周りをまわるという地動説は、コペルニクスの宇宙観と呼ばれる。

『アルマゲスト』には、天球儀の詳しい記述がある。天球儀をどのように装飾すべきかについては、「球体は夜空に似た暗い色である」と示唆している。また、星座とともに赤道や黄道が記された天球儀は、歳差運動によってやがて役に立たなくなると言及した。それゆえ、天球儀には別に帯をつけるように忠告している。プトレマイオスが製作した天球儀は現存していないが、高度な天球儀が製作されたことは間違いないだろう。

現存する最古の天球儀は、ファルネーゼのアトラス像だ。神話の巨人アトラスが天を支える姿を象（かたど）った大理石彫刻であり、2世紀頃のローマで製作されたと考えられている。その呼び名は16世紀にアレッサンドロ・ファルネーゼ枢機卿（すうききょう）が買収しファルネーゼ宮殿で展示したことに由来し、現在は、イタリアのナポリ国立考古学博物館に展示されている。

ファルネーゼのアトラス像

彫刻の高さは１・９１メートル、球の直径は65センチで、球には41（あるいは42）の星座が浮き彫りで表現されている。上部の一部は破損していて、おおぐま座やこぐま座など五つの星座は欠落している。赤道や黄道も表示され、星座の座標が正確に引かれている。丁寧に調査された結果、これらの星座の位置は、天文学者ヒッパルコスの観測データに類似していることがわかった。この彫刻自体は、古代ギリシャ時代に作られた彫像の複製と考えられている。

古代ローマ時代における天文学

ローマは古代ギリシャの様々な文化を継承したが、独自の発展を遂げた面もある。古代ギリシャでは主に特定の分野で進展を見せたのに対し、古代ローマでは1人の人物が様々な分野を纏(まと)め上げることが多かった。それゆえに、古代ギリシャのように科学分野において名を残した人物は多くはないが、科学への関心が薄れた訳ではない。天文学では、ローマ共和政期末から帝政期初期にかけて占星術が政治と強く関わりを持った。また、農業のための暦として星座や天体が用いられ続けていた。天文は変わらず重要な関心事だった。しかし、キリスト教がローマの国教になり、占星術が禁止されると、それまでのような天文学の盛り上がりは見られなくなっていった。

ファルネーゼのアトラス像はあるものの、ローマ時代において、プラネタリウムに関連する資料は多くない。皇帝ネロ（37年―68年）は黄金宮殿の「八角の間」という回転する天井をもつ部屋を作ったが、その天井板の中に天体が描かれていた可能性がある。もしそうならば、ネロが持っていた古代ギリシャの文化に対する強い興味の現れの一つかもしれない。その他に、天文学を司る女神ウラニアがアラトスと並んだモザイクなどには天球儀が描かれていたり、コインに占星術師と思われる人物と天球儀が描かれていたりしている。天球儀ではないかもしれないが、フランク王国カロリング朝のカール大帝（740年頃―814年）の肖像は球体を手に持っている。世界を手にしているイメージであるとされていて、学問的な意味は薄らいでいるが天球の概念が引き継がれたようにも見える。

イスラム圏経由で発展した天文学

中世に入るとヨーロッパで天球儀は見られなくなったが、知識のバトンは繋（つな）がれていた。ギリシャ天文学はイスラム世界に継承されたのだ。

歴史上、ファルネーゼのアトラス像の次に星座の図が登場したのは、10世紀に活躍したイスラムの天文学者、アッ・スーフィーの著書『星座の書』である。『星座の書』には、古代ギリシャの伝統とアラビアの伝統が掛け合わされた。同書は後にイスラム世界のアストロラーベや地球儀の製作者にとって、星の座標の重要な情報源となった。『星座の書』において、初めて恒星が図に

球体を手にした姿を描く
デューラー《カール大帝像》

描かれた。ファルネーゼのアトラス像には星座の絵があるのみだったことを考えると、大きな発展である。

中世イスラム文化は、古代ギリシャ文化を保存・発展させ、中世ヨーロッパに伝えられた。これがルネサンスの原動力になった。伝来ルートの一つはスペイン経由である。イスラム王朝「ウマイヤ朝」が8世紀中頃にスペイン・イベリア半島に進出し、

13世紀にイエメンで製作された
アストロラーベ

11世紀中頃まで支配した。スペインではイスラム文化が花開き、天文学も大いに発展した。1080〜1085年に、スペインのバレンシアでは、アストロラーベの製作者が天球儀を製作した。13世紀、カスティリャ王国国王アルフォンソ10世は文化振興に努め、賢王とよばれた。アルフォンソ10世は、天文学に深い関心を持ち、『アルマゲスト』をはじめとするアラビア語の文献が多く翻訳された。この頃から、天球儀が再びヨーロッパで一般的になっていった。

中世の天球儀のほとんどはプトレマイオスの48星座を基本とした。大航海時代になると、航海術で役立つ天球儀と、航海の道しるべとしての地球儀が、それぞれ必要とされた。多

アッ・スーフィー『星座の書』のおおぐま座の部分には、
実際に見たようすと天球儀に描かれたようすの両者が記されている。

ティコ・ブラーエのウラニボリ天文台

くの天球儀は地球儀とセットで製作、販売された。

16世紀には、ニュルンベルクが天球儀の生産の中心地となった。材料は金属やガラス、象牙などに代わり、厚紙を石膏で覆ったものが一般的となり、正確な球形の造作が可能になった。それまで図は材料に直接描かれていたが、紙に印刷し、貼り付けられるようになり、精密さが高まった。

天球儀の精度向上に大きく貢献したのがデンマークの天文学者ティコ・ブラーエ（1546年―1601年）である。ティコは望遠鏡が発明される前、肉眼による最高精度の天体観測を行った。ティコは15歳の時、小さな天球儀を入手し、すべての星座をすぐに覚えた。1576年、ティコは数機の天球儀が設置されたウラニボリ天文台を建設した。ティコは共同研究者とともに恒星および惑星の位置を非常に正確に測定し、天球儀に反映した。彼の雇った人の中に、後に天球儀の製造者となるウィレム・ブラウ（1571年―1638年）がいた。

ブラウは、16世紀の終わりにオランダ・アムステルダムで地球儀・天球儀の製造を行い、大成功した人物である。ブラウの天球儀は、日本では京都外国語大学に地球儀とともに収蔵されている。

当時のオランダは、貿易で成功し、黄金時代を迎えていた。アムステルダムではブラウ以外にもヨドクス・ホンディウス（1563年―1612年）が活躍した。ホンディウスの天球儀は、フェルメールの作品「天文学者」に描かれている。17世紀末期には、イタリアのヴィンチェンツォ・コロネッリ（1650年―1718年）が活躍した。コロネッリは、1683年、直径約4メートルの地球儀・天球儀のセットを作製し、ルイ14世に献上した。この地球儀・天球儀は2006年から、フランス国立図書館フランソワ・ミッテラン館で展示されている。

フェルメール《天文学者》に描かれるホンディウスの天球儀

17世紀末期の当時、16世紀から17世紀にかけて行われた南半球での天体観測の結果を受けて、南天の星空に新しい星座が設定されるようになった。1589年、ヤコブ・フロリス・ファン・ラングレン（1598年―1675年）は、みなみじゅうじ座や大小マゼラン雲等、南天の星空の全体を最初に記した天球儀を製作した。

18世紀のポケット地球儀と天球儀（ルーブル美術館）

17世紀頃から、天球を内側に描いた革製の袋に小さな地球儀が収められたものも作られた。この内側に描かれた天球の図は、画期的なものであった。というのは、天球儀は実際に見る星空とは鏡像になっていて、いうならば神の視点ともいえる。地上の人間の視点といえる内側から見た星座の絵の製作は、技術上、困難だった。しかし、鏡像では利用しづらく間違いをおこしやすくなる。

先にアラトスの『パイノメナ』について、ヒッパルコスが注釈書を書いて間違いを指摘したことを紹介したが、間違いには、星座の左右（東西）の取り違えによるものが多い。これはエウドクソスやアラトスが天球儀を参考に作品を作ったことが原因と推測される。内側から見る形の天球儀であれば、こうした取り違えはなくなる。古代ギリシャより内側から見る天球儀もあったが、一般的ではなかった。

ゴットルプ天球儀

現在のプラネタリウム・ドームのように、球体に入り込む天球儀が17世紀に登場した。ゴットルプ天球儀である。

ゴットルプ天球儀は、17世紀に製作された。まず巨大な地球儀としてドイツのシュレスヴィヒ＝ホルシュタイン＝ゴットルプ公フリードリヒ3世が計画し、彼の宮廷学者アダム・オレアリウスが設計し、アンドレアス・ブッシュが1654年から1664年にかけて製作した。

ゴットルプ天球儀は、直径が3・1メートルあり、外側に当時知られていた大陸と海洋が描かれ、当地の北緯に合わせて54度傾いている。観客はインド洋の位置にある入り口から中に入り、円形テーブルを囲み、座って描かれた星座を見ることができた。この巨大な天球儀は、水力によってゆっくりと回転した。

フリードリヒ公の居城ゴットルプ城の庭に据えられたので、「ゴットルプの天球儀」の名が付けられた。

ロシアのピョートル大帝はこの天球儀を大変気に入り、1715年にフリードリヒ家よ

現在のゴットルプ天球儀

り譲り受けてサンクトペテルブルクの科学アカデミーに設置した。1747年に火災で焼失したが、1748年から1752年にかけて再建され、現在はクンストカメラの博物館に保存されている。

ゴットルプ天球儀は、江戸時代の日本人も見ている。1793年、石巻（いしのまき）を出港した千石船・若宮（わかみや）丸に乗った舟子の津太夫（つだゆう）、儀平、左平、太十郎ら船員は嵐に遭い、ロシアに漂着し、そのまま9年滞在することになった。彼らは多くの苦難の後、結果的に世界一周する形で長崎に帰国した。その後、仙台藩の蘭学者が、津太夫らの体験を聞き取り編集したのが、『環海異聞（かんかいいぶん）』である。当時のロシアの事情を知る貴重な資料として価値の高い文献であり、その中に、ゴットルプ天球儀を見学した様子が記載されている。絵を見るといささ

ゴットルプ天球儀を見学する津太夫たち（『環海異聞』第六巻）

か大げさではあるが、素朴な驚きがうかがえる。

天球の中から見上げる星座

ゴットルプ天球儀に続いて、17世紀にドイツのイエナ大学のエルハルド・ウェイゲルが、直径約3メートルの天球儀を作った。現存していないので詳しいことは不明だが、ランタンを光源として雷を演出したりしたという。ランタンをつかった投影技術であるマジック・ランタンは当時流行していた。光を投影して自然現象を表現するという方法は、近代プラネタリウムに通じる試みといえる。ドイツのイエナは、後に近代プラネタリウムが開発されたツァイス社の工場がある場所で、この点も興味深い。

1758年、英国ケンブリッジ大学の天文学教授ロジャー・ロングは、天球儀を製作しウラニウムと命名した。ウラニウムは直径約5・5メートルで、30人を収容できた。複雑な回転は、ロープを使って行われた。ロングはこの天球儀作りに情熱を傾けたが、その思いとは裏腹に、ウラニウムは期待されたほどはうけなかったという。

構想にとどまったが、プラネタリウムのようなドームの外観が計画されたことがあった。現代の建築家に大きな影響を与えたフランスの建築家エティエンヌ・ルイ・ブーレ（1728年―1799年）は、1784年、万有引力100周年を記念して、アイザック・ニ

天文学者ロジャー・ロングの天球儀

建築家エティエンヌ・ルイ・ブーレが構想したニュートン記念堂

ュートンの慰霊碑を提案した。ブーレは、昼と夜を再現する高さ150メートルの球体の建物を考えた。昼はドーム天井に開けられた穴を通過した光により、夜空の星々のような輝きが現れる。夜になると、ドーム中央に吊り下げられた天球の内部にランプが灯されて、太陽のように輝きを放つという構想である。残念ながら、このような中空の巨大な球体は、当時の技術では作成不可能であり、実現しなかったが、ドーム天井に星を表現するというおそらく最初の建築設計だった。

アトウッド天球儀

20世紀初め、米国にあるシカゴ科学アカデミーの館長ウォレス・アトウッドは、直径4・57メートル、厚さ0・4ミリ、重さ227キログラムの、亜鉛メッキ鋼板製の天球儀を製作した。この球体はシカゴで見た星空を表現するため、シカゴの緯度である42度に傾斜していた。天球には692個の星の位置に光度別で4段階に明るさを変えた穴を開けた。外光を取り込むと、輝く星のように見えた。大きな穴からはたくさんの光が入り、明るい星を表現した。黄道上には星座のほか、惑星の穴も開けられ、それらの穴をふさいだり、開けたりして位置が表現された。電動モーターで天球が回転した。

1913年6月5日、アトウッドの天球儀が公開された。シカゴ科学アカデミーのミュ

アトウッド天球儀

ージアムには多くの人が集まり、アトウッド自らが実演を行った。天球の扉が閉まると、美しい星空が広がった。見慣れた星座がゆっくりと東に昇り、西に沈んでいった。回転の際に電動モーターが駆動する大きな音が発生したが、天球の音楽のように想像できたという。プロジェクターからは、月や惑星が映し出された。小さな懐中電灯で表現された太陽は、星々を消し去り昼の表現となった。これらの演出に歓声が館内に響いたという。

アトウッドの天球儀は、第3章で紹介する近代プラネタリウムの一歩手前の存在と見ることができる。アトウッドの天球儀が知られていたのかどうかは不明だが、同時期、ドイツでプラネタリウム製作の計画が進められていた時、よく似たコンセプトを検討していた。そのあたりのエピソードは第3章で詳述する。

人気を呼んだアトウッドの天球儀だが、１９３０年、シカゴ科学アカデミーから数マイル離れた場所にアドラー・プラネタリウムがオープンし、ツァイス製の最新型プラネタリウムが設置されると、アトウッドの天球儀は時代遅れとみなされ、しばらく全く使われない時代が続いた。現在、アドラー・プラネタリウムに移設し、歴史的価値が評価され、修復展示されている。

天球儀の歴史を眺めてきた。古代メソポタミアで誕生した天文学は、古代ギリシャで天球の概念とともに数学的な宇宙モデルとして発展し、ファルネーゼのアトラス像のような天球儀を多く生み出した。中世の大航海時代になると、天球儀は地球儀と並ぶ存在感を持った。天球儀は実際に見る星座とは鏡像になっていたが、近世になり天球の中に入るゴットルプ天球儀のようなものも出現した。20世紀になり作られたアトウッド天球儀は、近代プラネタリウムの一歩手前まで進化した。

天球儀には、天球に固定された星座が描かれている。太陽・月・惑星の複雑な運行を再現したのは、プラネタリウムのもう一つのルーツとなる天体運行儀である。こちらの歴史もまた、天文学の発展や時代ごとの役割の変遷と深くかかわっている。第２章でじっくり見ていこう。

第2章 天体運行儀の歴史——プラネタリウム前史(2)

プラネタリウムのルーツとしての天体運行儀

天球儀と並んで、プラネタリウムのもう一つの重要なルーツが天体運行儀である。天球儀が星座の配置を教えてくれるのに対し天体運行儀は太陽、月、惑星がどのように運動し、どこに見えるかを表示する。

文献に残る最も古い天体運行儀は、古代ギリシャ・シラクサの科学者アルキメデスの機械だろう。この装置は天球儀の中に天体運行儀が組み込まれており、その素晴らしさは後世の著述家によって語り継がれた。

現存する最古の天体運行儀はアンティキテラ島の機械（前1世紀頃）だ。20世紀初めに沈没船から引き揚げられたものである。近年研究が進み、古代ギリシャには高度な天体運行儀の製作技術があったことがわかってきた。

これらの技術は中世にイスラム世界で保存され、ルネサンス期にヨーロッパへ逆輸入された。ルネサンスで歯車の技術は機械式時計の誕生と発展により急速に普及した。ジョバンニ・ドンディは、機械式時計が誕生して半世紀ほどのうちに極めて高度な天文時計を作った。天文時計は天体の運行を再現する機能を持った時計である。ドンディの製作した天文時計はアストラリウムあるいはプラネタリウムと呼ばれた。やがて街角に天文時計が配置されるようになっていった。16世紀、コペルニクスによる地動説が発表され、科学革命が起こった。ガリレオ、ケプラー、ホイヘンス、ニュートンたちにより、地動説はゆるぎないものになっていった。新しい宇宙観を学ぶ教具として、時計師は、天体運行儀を作るようになった。この教具をデザグリエはプラネタリウムと呼んだ。そして「アイジンガーのプラネタリウム」という傑作にまでつながっていった。

天才アルキメデスの装置

古代ギリシャ最高の天才科学者はアルキメデス（前287年頃―前212年頃）だろう。アルキメデスはシチリア島のシラクサで天文学者の息子として生まれ、若い頃にはアレクサンドリアで学び、ヘレニズム期に活躍したエラトステネスらと交流した。

アルキメデスは、数学者、工学者、科学者として膨大な仕事を行った。一生の大半をシラクサで過ごし、研究を行った。新しい発見は手紙で友人に伝えた。エラトステネスはよき理解者だった。

「金の冠」という有名なエピソードがある。シラクサの王が金の冠を作るため、職人に必要な量の金を渡した。冠は完成したが、街に「職人が金の代わりに同じ重さの銀を混ぜた」という噂が流れた。王はアルキメデスに冠を壊さず真偽を確かめることを依頼した。アルキメデスは、公衆浴場で風呂に浸かっているとき、沈んだ自分の体積だけ水が浴槽からあふれることに気づき、問題の解決方法を思いついた。そして「ヘウレーカ！（わかった！）」と叫び、全裸で街を走った、と伝えられている。この出来事がきっかけとなり、アルキメデスは静水力学の法則をまとめた。

ローマ軍がシラクサを征服しようとした際、アルキメデスは科学知識を駆使した兵器で、ローマ軍を徹底的に困らせた。ようやくローマ軍がシラクサに入った時、アルキメデスは地面に図形を書いて問題を考えていて、ローマ兵の呼びかけを無視した。ローマ兵には事前に「偉大なアルキメデスに危害を加えてはいけない」との命令が下されていた。しかし腹を立てた兵たちはその命令を忘れ、アルキメデスを殺してしまった。このとき、アルキメデスの作ったある機械が戦利品としてローマに持ち帰られた。

その機械とは、天球儀に天体運行儀が組み合わされたものである。太陽、月、惑星の運行を示し、天球には星座が描かれ、日食や月食も再現したという。この機械については、古代ローマの政治家で著述家のキケロの作品『国家について』に、シラクサから持ち帰られたアルキメデスの天球儀を見学したことが描かれている。アルキメデスの天球儀は当時すでによく知られていた。見学した天球儀が、あまり立派に見えず、はじめは感心しなかったが、よく見るとその精巧な作りに非常に驚いた様子が記述されている。また、天球儀はタレスが作ったこと、プラトンの弟子エウドクソスが天球儀に恒星を配置したこと、アラトスの天文詩のことと共に、アルキメデスの機械では、日食の原理を説明できたということが記載されている。この資料から、アルキメデスの天球儀の中に高度な天体運行儀がくみこまれていたことがわかる。古代ギリシャのプラネタリウムと呼ぶにふさわしい、最高傑作だといえるだろう。

このアルキメデスの装置の複製は多く作られたと思われる。第1章で紹介したファルネーゼのアトラス像もこの装置の影響を受けている可能性がある。支えている人物はアトラス神ではなくアルキメデスではないか、という考察もあるという。

アンティキテラ島の機械

アルキメデスの装置は現存しないが、その影響を受けていると想像されるのが、アンティキテラ島の機械だ。現存する最古の天体運行儀であり、プラネタリウムの重要なルーツの一つである。アンティキテラ島の機械は20世紀まで知られていなかった。

1900年の秋、地中海のアンティキテラ島の近くで、水深数十メートルの海底に古代ギリシャの沈没船が発見された。1901年、沈没船の捜索が行われ、積み荷から多くの美術工芸品が発見された。そのとき、木箱に入った青銅製の塊も一緒に引き上げられた。オリジナルのサイズは30×17×10センチほどで、箱には1年の月と黄道十二星座の記号が記載されていた。歯車は4枚のみ回収されたが、もともとは30枚以上あり、月の満ち欠けや天文現象を示すことができたと推測された。おそらく紀元前1世紀頃に製作されたものだ。

アンティキテラ島の機械

発見の初期の段階では、天文に関係のある装置と考えられたものの、具体的な研究は進められなかった。20世紀半ばになり、科学史の研究者によって歯車の機構の分析が行われ、19年のメトン周期や76年のカリプス周期、223朔望月(さくぼうげつ)のサロス周期が計算できる機能を備えていたことが解明された。メトン周期とは太陽暦と月相が一致する周期、カリプス周期とは閏月(うるう)を置く目安の周期、サロス周期とは日食や月食の起こる周期のことである。同時に、14世紀に登場する機械式時計のルーツであるという見解も発表された。

さらにX線を用いて鮮明な歯車像を得ることに成功し、分析により天文カレンダーとして用いられていたという結論に達した。その後、別の研究者によって銘文の分析が行われ、カリプス周期と思われていた箇所は、実際には4年に一度のオリンピック開催年の表示であることや、サロス周期は当初の想定よりもより正確なものであることなどが明らかになった。アルキメデスの装置との関係性も示唆されている。

独自に発展した東洋の天文学

東洋でも天文学やプラネタリウムに独自の発展があったことは記しておきたい。古代中国では暦の作成や、占いのために天文学が発達していた。

紀元前の古代中国における宇宙の姿の説には、蓋天説(がいてん)、渾天説(こんてん)などがある。蓋天説は、天はドームのように覆っているという考え方だ。天は北極を中心に回転しており、太陽や月は天の回転に引っぱられて運動するとした。渾天説は、エウドクソスの天球の概念に近く、天を球形と見立てたものだ。古代中国では渾天儀を使って天体観測がおこなわれていた。

古代中国の天文学は、飛鳥(あすか)時代の日本へ伝来した。奈良県明日香(あすか)村にあるキトラ古墳には天井に古代中国の星座が描かれていて、現存する東アジア最古の天文図となっている。

プラネタリウムの関連では、中国北宋(ほくそう)の蘇頌(そしょう)(1020年—1101年)が、1092年に製作した「水運儀象台」という傑作がある。水運儀象台は、水を動力とした天文時計で、高さは12メートル、台座は7×7メートルの大きさがあり、主に木製で、重要な機構

水運儀象台（縮小模型）

は青銅製である。3階建ての3層構造をしており、1階に時刻表示、2階に自動回転する天球儀と時報を打つ人形、3階に自動回転する観測用の渾天儀がある。これらすべての動力源となるのは、巨大な水車の回転だ。時計としての精度は驚くほど高く、日差はプラスマイナス5分から10分程度である。建設から34年後に侵入してきた金民族に破壊され、その後何度か復元が試みられたが実現しなかった。当時の中国の高い技術力がうかがえる装置である。日本では1997年に長野県下諏訪の観光施設で精密な復元が行われ、公開されている。

時計とプラネタリウムの深い関係

時計の歴史は非常に古い。時計の発展はプラネタリウムの歴史にも深くかかわっている。古代の人々は時を知るために、自然のリズムを利用した。古代エジプトでは、日時計や星時計が用いられていた。また、水時計も作られた。エジプト考古学博物館には、紀元前

1400年頃に作られたと推定される水時計が保存されている。この水時計は、すり鉢のような形をしていて、下方に開いた穴から水を流し、水面の高さの変化で時を知るという仕組みである。

古代ギリシャのヘレニズム期にも、水時計が作られた。この時代の水時計は、クテシビオス（?〜前130年頃）やヘロン（前100年頃）によって大きく発展した。クテシビオスはホロロギウム・アナホリクム（星の出時計）を作った。この時計は、アストロラーベを水力で自動的に回転させることができる仕組みとなっており、星の出没の時間を表示する。これは、一種の天文時計といえる。

こうした水時計は、歯車や重錘（じゅうすい）原理を有し、機械式時計の基本的原理を備えている。これは、アンティキテラ島の機械の技術などとも深く関係していることが推測できる。

古代ギリシャの科学に関する知見や技術は、その後多くが失われた。ただ、いくつかはイスラム圏に伝えられた。アンティキテラやホロロギウム・アナホリクムのような技術がどのように伝わったのかということは、あまりよくわかっていない。しかし、その間の痕（こん）跡（せき）はかすかに残っている。

520年頃、ビザンチン帝国（東ローマ帝国）のコンスタンチノープルでは暦付き日時計が製作された。

11世紀のイスラム世界で活躍した天文学者アル・ビールーニー（973年―1048年）

が残した草稿には、太陽暦と太陰暦を計算する精密な歯車機構の設計図が添えられている。この機械は、アストロラーベに組み込まれて、天文カレンダーとして使われていた。

天文学的な知識の伝来を考慮すると、時計に関しても古代ギリシャの技術が、イスラム圏に伝えられ、発展したとみるのが自然であろう。

そして、一連の知識や技術はヨーロッパに逆輸入されることになった。ルネサンスである。機械式時計の誕生も、プラネタリウムの歴史の第2幕もルネサンスから始まる。

機械式時計は、1300年頃に発明されたと考えられる。機械式時計のカギになる技術は脱進機である。この脱進機により時計は人工的に規則正しい振動運動を起こし、時間を計ることができる。初期の機械式時計は、修道院において、祈りの時間に修道僧を起こすための鐘をならす目的で作られた目覚まし時計だ。

ドンディのアストラリウム

興味深いことに、機械式時計が誕生して間もない頃から、天体の運行を再現する天文時計が作られた。記録に残る最古の天文時計は、英国セント・オールバンズ大聖堂の修道長ウォリンフォードのリチャード（1292年―1336年）が1327年に製作し、弟子が完成させたとされるものだ。現存してはいないが、リチャードの手稿の断片から再現された天文時計がセント・オールバンズ大聖堂など何か所かに展示されている。

最初期の公共用の時打ち機械式時計としては、イタリア・ミラノのヴィスコンティが建設した宮殿の礼拝堂（サン・ゴッタルド教会）の鐘楼に1336年に取り付けられたものがある。昼夜にわたり自動的に鐘を打って時を報じたという。この時計の設計者は不明だが、一説にはヤコポ・ドンディ（1293年―1359年）ではないかと言われている。ヤコポ・ドンディは医者、機械師、天文学者であった。いくつかの時計を設計し、時計職人に作らせた。サン・ゴッタルド教会の他には、1344年にパドバのカピタニアート宮殿の入り口に取り付けられたものがあり、天文時計の機能を有していた。

ヤコポ・ドンディの息子ジョバンニ・ドンディ（1330年―1388年）も父と同じ仕事をした。ジョバンニ・ドンディは神聖ローマ帝国の皇帝カール4世の侍医であり、パドバ大学の教授で、医学、天文学、倫理学を教えた。ジョバンニ・ドンディは自分自身で時計を作ることもでき、16年の歳月をかけて精密な天文時計を作った。これは、今日知られている最初の室内時計とされている。

ジョバンニ・ドンディの天文時計は現存していないが、ドンディが書いた「トラクタス・アストラリ」「オプス・プラネターリウム」という二つの手稿が知られている。ジョバンニ・ドンディの天文時計は、前者からアストラリウム、後者からプラネタリウムと呼ばれている。プラネタリウムという言葉が使われた最も古いものといえるだろう。ジョバ

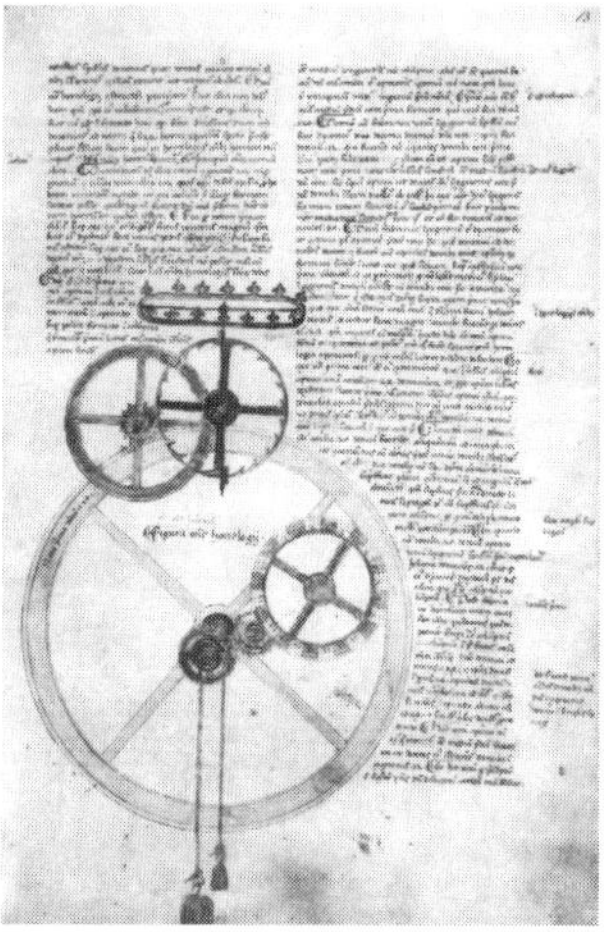

ドンディのアストラリウムの手稿

ンニ・ドンディ自身は、アストラリウムと呼んでいたようだ。

アストラリウムは、高さが1メートル数十センチあり、七角形をしている。時刻やカレンダーだけでなく、太陽、月、惑星の動きが表示された。また黄道十二宮の日盛が打たれ、それぞれの天体について黄道の位置に指針が向くように設計された。

アストラリウムは大変優れていて、人々から称賛された。同時代のフィリップ・ドゥ・メイジェルは『老巡礼の夢』で次のように記述している。

その時計のすべての機械は、ただ一つの重錘によって動かされている。そして遠き国々の有名な天文家のかたがたが、ジョバンニに敬意を表し、その作品をみようとして訪れてくるほど、それは大きな驚きであった。天文学、哲学、医学のあらゆる大家たちは、人の記憶にあるかぎり、また記憶に残されているかぎり、この時計のように巧妙な、すばらしいプラネタリウムは、いまだかつて作られたことはないと口をそろえていっている。ジョバンニ師の才能と技術はこのようなものであり、誰の手も借りず、自分自身の手によって、青銅と銅からこの時計を作ったのである。しかもジョバンニ師は16年の間にこれに没頭し、他の仕事はなにひとつしなかった。（山口隆二『時計』より）

アストラリウムの名声は、彼の没後にも続いた。１４４０年の記録には、「時計が動かなくなったとき、調整できる占星術師がいないほど複雑だったが、時計の名声にひかれて、遠方からえらい占星術師で機械師である人物が訪れて、多くの日数をかけて時計を動かすことに成功した」などと書かれている。

１５２０年、アストラリウムは、カール５世（１５００年─１５５８年）の手元に渡った。カール５世が神聖ローマ皇帝として即位し、戴冠式でミラノ公（市長）からアストラリウムをお祝いに贈られたのだ。ところが、さび付いて動かなかった。修理者を募ったところ、１５２３年にクレモナのトリアーノ（１５００年頃─１５８５年）が名乗り出た。これを機にトリアーノはカール５世の王室時計師になり、カール５世が亡くなるまで皇帝に仕えた。トリアーノは研究を重ねアストラリウムを複製したが、それが残されている形跡はない。カール５世の本拠はブリュッセルだったが、転戦、転戦でほとんどブリュッセルにはいなかった。皇帝は健康を理由に退位した後は、聖ユステ修道院に隠居し、その際にアストラリウムを携え、トリアーノも同行した。聖ユステ修道院のアストラリウムは19世紀まで残っていたが、半島戦争（１８０８年—１８１４年）で修道院と共に焼失した。

20世紀になり、手稿から学術的研究が行われるようになり、１９６０年代には復元模型が作られた。イタリア・ミラノの国立科学技術博物館などで見ることができる。

アストラリウムは、記録に残る最初の室内時計であり、プラネタリウムだけでなく時計の歴史においても重要な存在だ。機械式時計が誕生し、数十年でここまで高度な複雑機構が作り上げられたことは驚異的である。古代ギリシャからイスラムを通じて、細々と受け渡された天文学の技術のバトンを、ジョバンニ・ドンディの類まれなる才能が受け取った。そして、見事に発展させバトンをつないだ。彼が費やした16年間は使命を感じていた時間だったのかもしれない。やがて天文時計は、ヨーロッパ各地に広がっていった。

医学と占星術と天文時計

なぜドンディはこのような複雑な天文時計を製作しようとしたのだろうか。筆者は、占星術とのかかわりが大きいのでは、と推測している。ジョバンニ・ドンディが父ヤコポから教わる形で天文時計の製作に取り組んだ１３４８年は、黒死病と恐れられたペストが大流行していた。14世紀頃、医者には占星術の知識が欠かせないものとされていた。ドンディはアストラリウムを、医療に役立つ占星術の情報を与えてくれる装置と考えていたのかもしれない。後に、ドンディの時計の修理を試みたのは占星術師であったことも興味深い。占星術と時計の歴史について論じられた文献はあまり見ないが、この件で筆者は日頃から師事している時計の歴史に詳しい佐々木勝浩(ささきかつひろ)国立科学博物館名誉研究員に意見を求めたところ、次のような返事を得た。

井上さん(筆者)が言われる、天文時計と占星術との関係、私も全く同じ考えです。医療に占星術の知識が不可欠であったことは全く納得できます。天文学は、もともと天変地異を始め、社会や個人の運勢を天体の動きと関連づけて占おうとした占星術から発展したという経緯があります。1346年から1353年にかけてペスト大流行があったこと、社会を不安のどん底に突き落とす混乱は、ジョバンニ・ドンディの天文時計の製作の動機に直結していると思えてきます。何より1344年にパドバのカピタニアート宮殿の天文時計を設計した父親のヤコポ・ドンディともども医学、天文学の教授をしていた事実は、医学に天文学(占星術)の知識が必要であったことを示唆していると思います。

父親ヤコポが設計した天文時計の中央円盤には、月を基準とする惑星等の天体の基本配置(三角形、四角形、六角形の三つの基本配置)を示す占星術チャートが描かれています。このことから、この天文時計が明らかに占星術を意識したものであることが判り、医学者としてのヤコポの天文学に対する関心の強さを示していると言えます。また、ヤコポの天文時計はパドバのシニョーリ広場に集まる人々に対する公共時計としての役割が明確で、人々に占星術チャートを示して今起きている天変を説明し、将来の見通しを伝えて社会的不安を取り除く役割を果たしたのではないかと思えてきます。

息子ジョバンニが、父親の関わったパドバの天文時計を目の当たりにして天文時計製作を意識したことは想像に難くありません。その年が1348年とすれば年齢はまだ弱冠18歳で、ペスト流行の真っただ中。惑星の位置の表示が可能でない父親設計の天文時計を改良して、占星術に必要な惑星を表示する天文表示を目指そうと考えたとしても不思議ではありません。

ただ、こうした精巧な科学機器は王侯に買って貰う（あるいは機器を納めて役職を得る）ための作品（手段）という考え方も依然として残ります。事実、ジョバンニが1348年から16年かけて製作したアストラリウムは、ミラノのヴィスコンティ公が買い取り、パビアのビスコンティ宮殿の図書館に置かれたと言います。ジョバンニがそのような目的を抱いて惑星表示に意欲を燃やした側面も否定できません。

アストラリウムの機構には、惑星運動に楕円（だえん）ギアが採用され、またイースターの日付けを自動計算するメカニズムを考案するなど、相当な工夫が盛り込まれています。

どのようなルートがあり得たか判りませんが、私は、古代ギリシャのアンティキテラ島の歯車装置や、ザルツブルクの天文表示盤を思い浮かべてしまいます。それらの情報が何らかの形で伝えられ、ジョバンニの動機に繋がったことは否定できないのではないか。ちなみに、ダ・ビンチはヴィスコンティ宮殿の図書館でアストラリウムを見て、惑星（金星など）の歯車機構のスケッチも残しています。驚くべきは、ダ・ビンチが、振り子機構（ガリレオより1世紀以上前）や、ぜんまい駆動の問題点だった出力の不均衡を解消する均力機構（ヤコブ・ツェヒのフュージ機構より半世紀前）のアイディアを何点も描いていることです。これは先達の作り上げた作品を後世に伝えた典型といえますが、そのスケッチをまた誰かが見て時計機構の発展に繋がったことは否定できない、否定すべきでないと思います。

科学や技術の進展は、何も無いところから突然現れるのでなく、底を流れる底流のようなものがあって、あるとき突然イノベーションが起こるという経緯を辿っているように思えてきます。私は、それらの延長線上に現在があると考えています。

コペルニクスと科学革命

天文学は、1400年もの間、プトレマイオスの「天動説（地球中心説）」を土台としてきた。天動説では、地球の周囲を太陽や惑星が巡ることになっている。しかし、惑星の複雑な動きを説明できない。そこで、惑星は地球を中心にめぐりながら、さらに小さな周転円という軌道をもつとされた。柔軟でよくできた理論だったが、プトレマイオスの天文学は、個々の惑星理論の寄せ集めに過ぎなかった。

16世紀、この考えを覆す重要な出来事が起こった。ニコラウス・コペルニクス（1473年―1543年）による「地動説（太陽中心説）」の提唱である。地動説

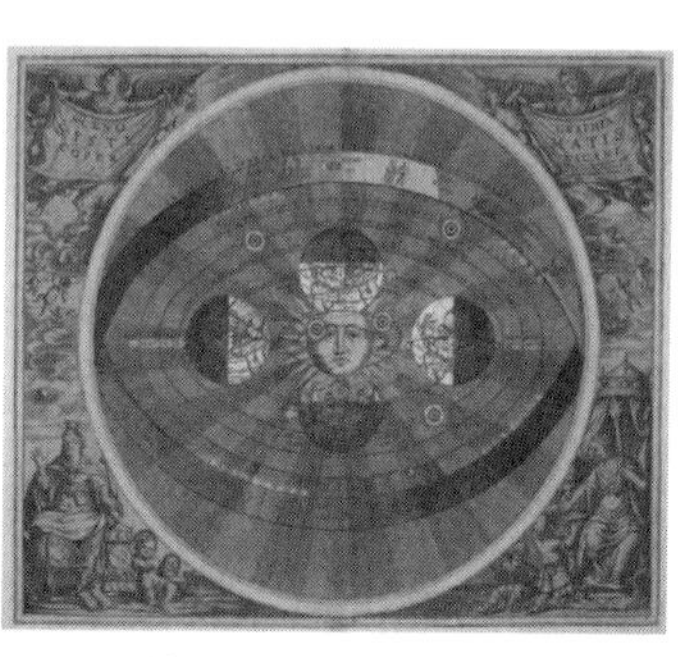

アンドレアス・セラリウスによる
地動説の図解

ではシンプルに惑星の運動が説明できた。また地動説は、単なる天文学上の仮説にとどまらなかった。地動説が認められることは、古代ギリシャのアリストテレスらが築き上げた哲学による自然への理解を次々と崩壊させ、まったく新しい科学へ置き換えることへの劇的なきっかけとなった。この時代の科学の大変革を、科学革命という。

コペルニクスの地動説は、静かに支持を広げていた。ガリレオ・ガリレイ（1564年―1642年）は、アリストテレスの提唱した運動の法則の間違いを正し、望遠鏡の観測を通じて、地動説が正しいと主張した。

同時代にティコ・ブラーエの観測助手をしていたヨハネス・ケプラー（1571年―1

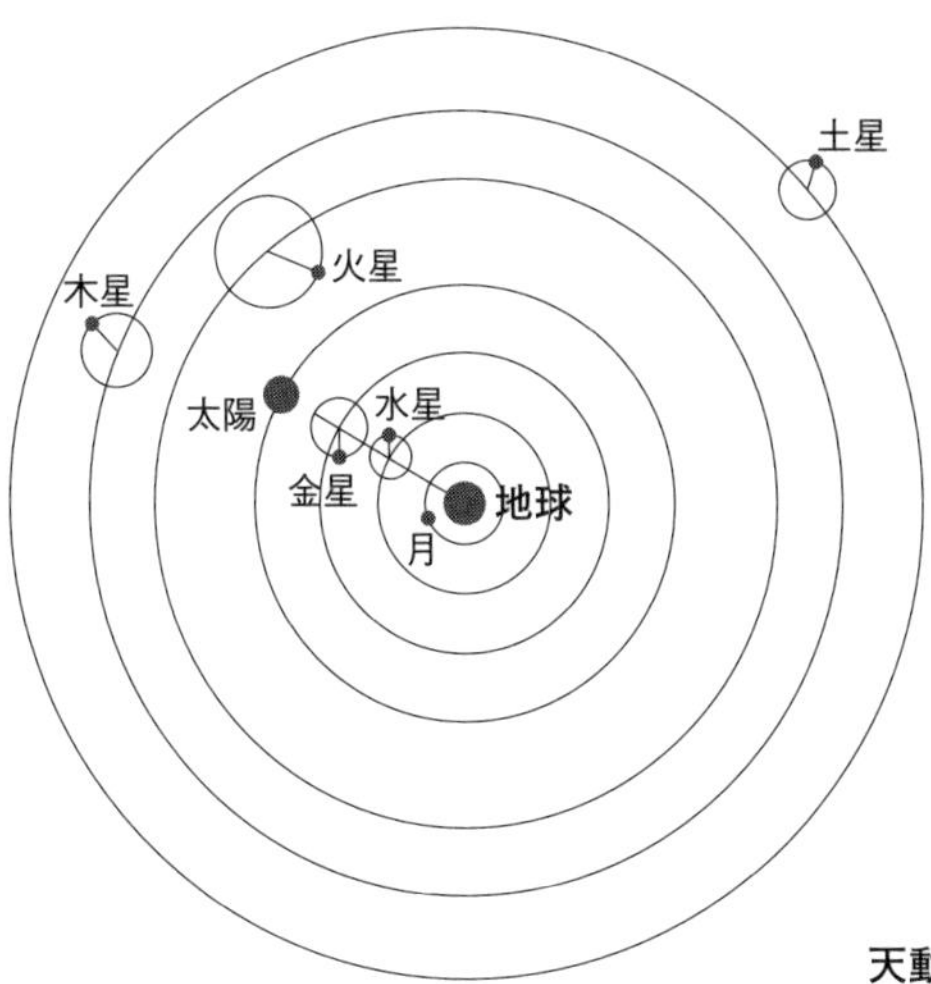

天動説のモデル

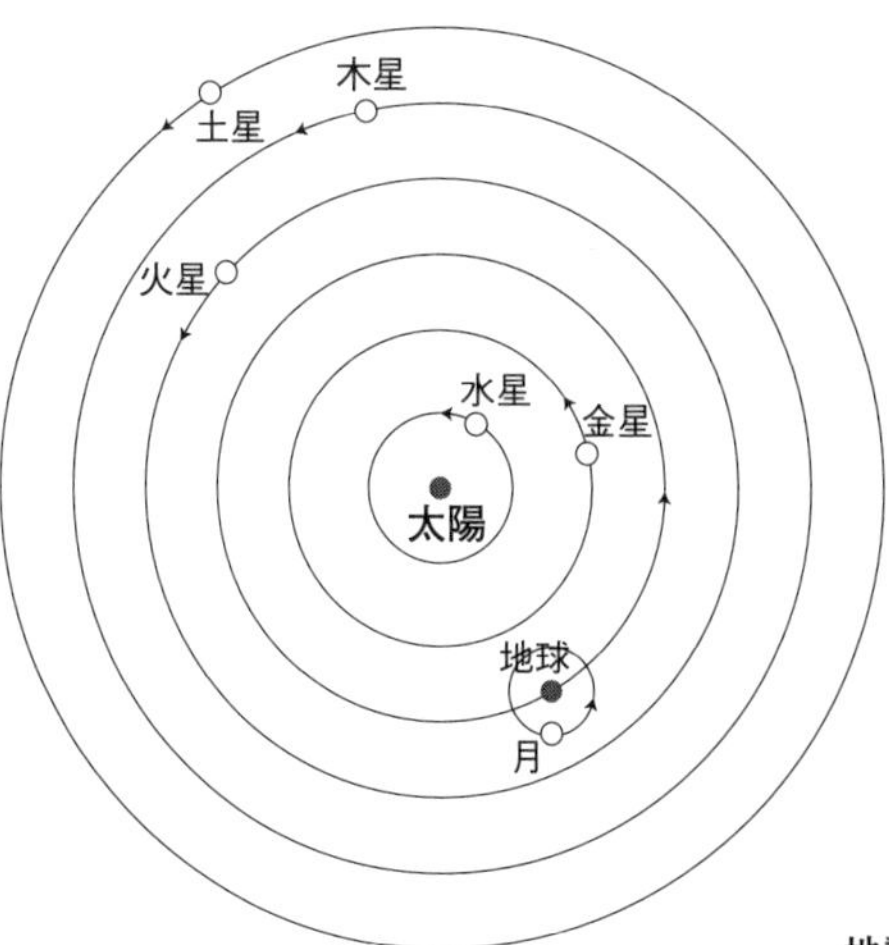

地動説のモデル

630年）は、ティコの膨大な観測データをもとに、惑星の運動に関するケプラーの法則を見つけ出した。ケプラーの法則では、惑星は楕円軌道を描く。これは古代ギリシャからの伝統を完全に打ち砕くものだった。惑星はプラトンが論じたような円運動をせず、アリストテレスが実在を信じた天球は存在しないということも明確になった。ケプラーの法則は、プトレマイオスよりも明瞭に宇宙の姿を描き出し、正確な惑星の位置の計算を可能にした。天球は想定よりはるかに遠いことも明らかになった。そのような天体が地上に影響を与えるという占星術は説得力を失っていった。

ケプラーは、惑星の観測事実に忠実な天体運行儀を構想した。これは太陽を中心として惑星が正確に公転する装置であったが、しかし複雑すぎて実現できなかった。

コペルニクスを支持したガリレオ、ケプラーに続き、デカルト、ホイヘンス、ニュートンらにより、地動説はゆるぎないものになっていった。科学革命の中で、哲学者のデカルトは、「自然界は、宇宙も生物も時計のような機械とみなすことができる」という機械論を唱えた。デカルトの機械論は、大きな影響を与えた。ホイヘンスやニュートンも感化され、天文学者が機械仕掛けの宇宙を製作する動機となった。オランダの天文学者クリスチャン・ホイヘンス（1629年—1695年）は、ケプラーの法則を再現した天体運行儀を設計、製作した。ホイヘンスは、振り子時計を発明したり、土星のリングを正確に説明したりするなど、天文学において多くの業績がある。

天体運行儀は多く作られるようになった。構造が単純化されることから、天動説タイプの天文時計は地動説タイプのものに置き換わっていった。17世紀後半に天文学者のレーマー（1644年―1710年）は、ケプラーのアイディアを知らないままに木星の衛星儀や天井から吊るすタイプのプラネタリウムを製作し、有名になっていった。

国家的事業となった航海天文学

古代より天文学の知識は航海で活用されたが、近世になると重要性は大きくなった。大海原において自分たちの乗る船の位置を正確に知ることが、他国に先んじるために必要だった。船で世界を移動するために、正確な緯度・経度の発見を求める人々の関心事となっていった。それには天体観測が欠かせなかったため、各国は天文台を整備した。イギリスではグリニッジ天文台が建設され、正確な天体の位置観測が国家的事業として行われた。緯度は天体の高度から比較的簡単に求めることができたが、経度を知るためには、基準となる地点と現在地との正確な時差が必要だった。経度の決定に木星の衛星や月食を利用する方法などが考案されたが、実用的ではなかった。ホイヘンスの発明した振り子時計は高精度だったが、揺れる船の上では誤差が大きかったため、より正確さを保つ時計の開発が望まれた。

この時代には、一種の「経度ブーム」が起こっていた。海難事故の多発を背景に、英国で1714年、正しい経度の測定に貢献した者に多額の賞金がかけられたからだ。その審査は経度委員会が行うことになっていた。委員会はニュートンやエドモンド・ハレー（1656年―1742年）ら錚々たるメンバーで構成されたが、委員会の開催に値する出品がなかったため、23年間にわたり開催されなかった。1737年、経度委員会を初めて開かせたのが時計の歴史に輝くジョン・ハリソン（1693年―1776年）だ。ヨークシャー州の小さな村の大工だったハリソンは、見事な精度の時計「H1」を製作した。ハリソンは無名だったが、その技術を高く評価したハレーが、ジョージ・グラハム（1674年―1751年）を紹介した。グラハムは、英国の著名な時計師で時計技術の進歩に大いに貢献していた。グラハムの援助を受け、ハリソンはH1を完成させた。ハレーら経度委員会はH1を高く評価したが、ハリソンはさらなる改良を目指し、2号機（H2）、3号機（H3）、4号機（H4）を製作した。H4の完成には、20年を費やした。その間、天文学分野では月の位置から経度を測定する月距法も大いに進歩し、正確な経度を追求する天文学者と時計職人の戦いは激しいものとなった。最終的に、ハリソンのH4の精度が認められ、経度決定において用いられることとなった。現在、ハリソンの時計はグリニッジ海事博物館に展示されている。

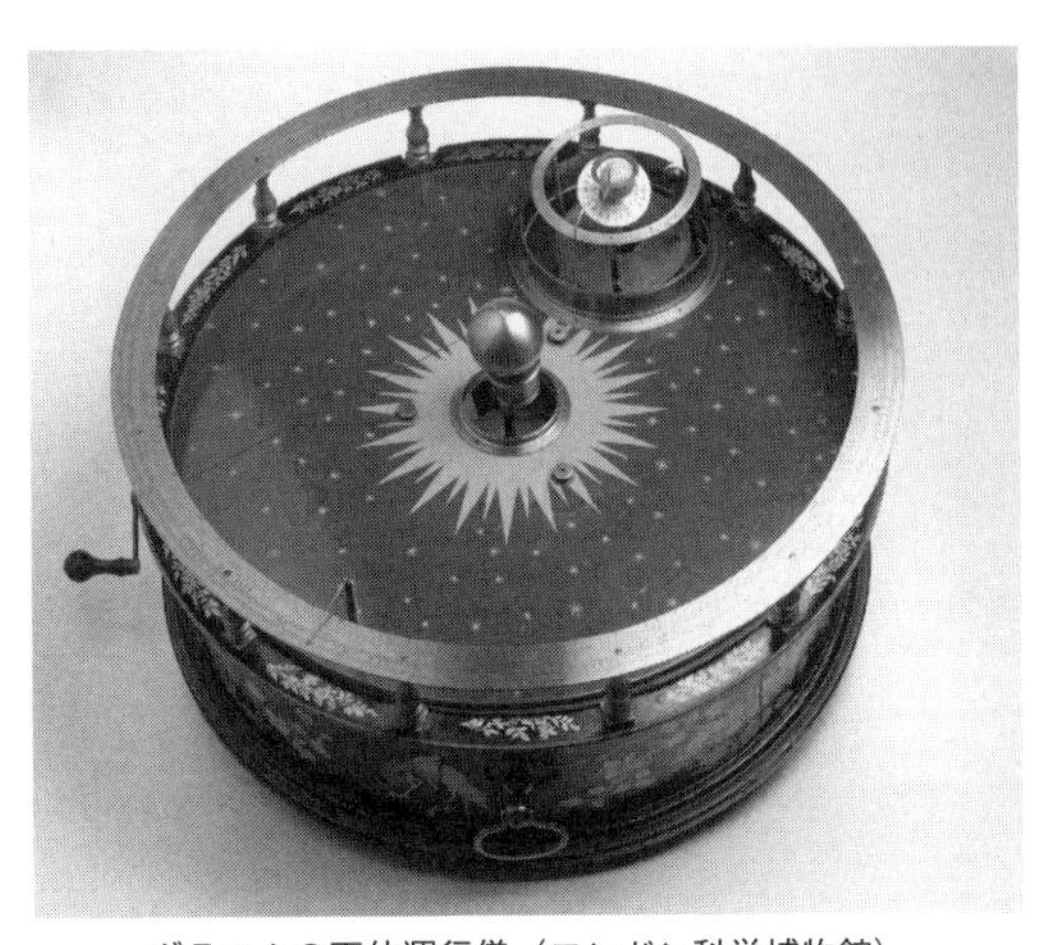

グラハムの天体運行儀（ロンドン科学博物館）

天体運行儀「オーラリー」の普及

経度の発見のエピソードの中で登場したグラハムは、天体運行儀の歴史に名を残す人物でもある。当時、貴族など裕福な人々を対象とした天体運行儀が多く作られた。

グラハムは、太陽を巡る地球と月の模型「三球儀」を製作した。1712年、ロンドンの楽器製作者、ジョン・ロウリーは、グラハムが作った模型を模倣し、3年かけて三球儀を2台製作し、1号機をオーストリアの政治家に献上した。2号機は、ロウリーのパトロンだった故オーラリー4世伯爵への感謝を込めて、息子のオーラリー5世に贈った。その際にグラハムの同意を得て、この装置をオーラリーと名付けた。これが普通名詞化して、

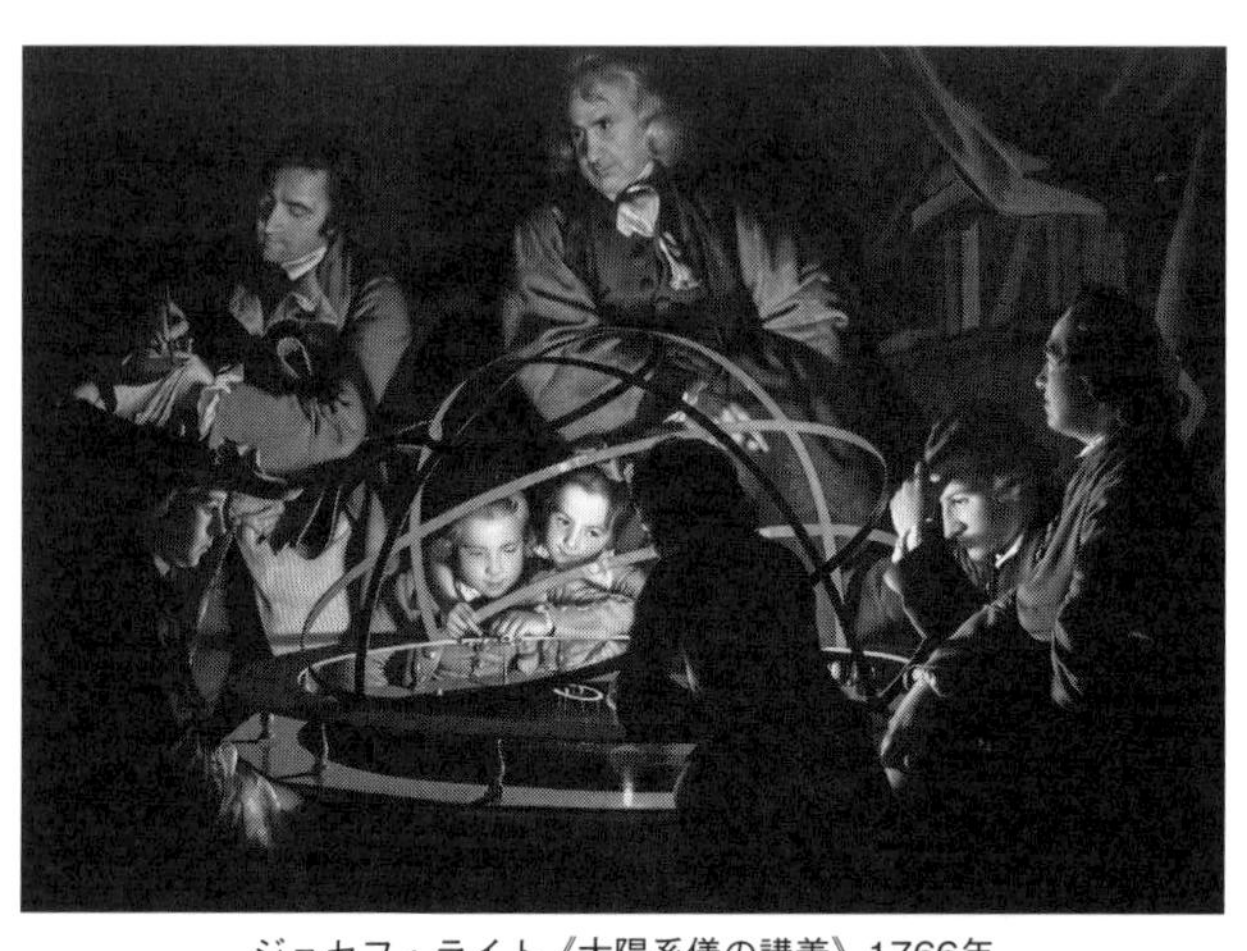

ジョセフ・ライト《太陽系儀の講義》1766年

現在も一般的に太陽系儀のことをオーラリーと呼ぶようになった。

プラネタリウムという言葉は、オーラリーと同じ意味でつかわれることもあったが、もう少し正確には、プラネタリウムは「惑星の公転運動を表現し、地球の自転を無視した天体運行儀」、オーラリーは「地球が日周運動する装置」というように区別された。さらにオーラリーは、月がない「テルル」と、月がある「ルナリウム」に分類された。

この時代、オーラリーが多く製造されたが、無駄な機能や装飾が施されたものもあった。これに批判的だったのがジョン・デザグリエ（1683年—1744年）だ。デザグリエは、フランスからイギリスに渡り、ニュートン力学に感銘を受け、普及に尽くした科学者である。デザグリエは、1731年にオランダへ講演会に赴く直前に、講義のために特別に天体運行儀を製作した。講演会には多くの人が参加し、大成功を収めたとされている。デザグリエは、1745年に発行された書籍の中で、自身の天体運行儀をプラネタリウムと呼んだ。デザグリエのプラネタリウムは楕円ギアの機構が盛り込まれた、非常に正確なものだった。

無駄を排した天体運行儀の傑作には、ピアソン（1767年—1847年）のものがある。英国の小さな村に生まれたピアソンは、経済的な理由で大学には進学できなかった。しかし小・中学校の教師を務めながら研究を深め、装飾を排した極めて高精度なオーラリーを完成させた。そして当時の大規模な百科事典である『百科全書』に、100ページに及ぶ天体運行儀の記事を残している。ピアソンのオーラリーで現存するものは1台のみだが、これは当時において最高性能を持つといえるものだった。

デザグリエのプラネタリウム

アイジンガーのプラネタリウム

天体運行儀の歴史の最後に、現存する最古のプラネタリウムを紹介しよう。アイジンガーのプラネタリウムである。その誕生のきっかけは、珍しい天文現象が引き起こした騒動だった。

1774年5月8日の夜明け、木星、火星、金星、水星、月が集合した。現代の私たちには、天文ファンならずとも興味深く感じられる天文現象だ。ところが、当時のオランダでは違っていた。「天体の集合は太陽系に壊滅的な被害をもたらす」と予言をした人がおり、噂をきいた多くの人々が「この世の終わりが来る」と心配したのだ。政府はこの予言を否定し、安心するように通達したが、人々の不安はなかなか取り去ることができなかった。

17世紀に経済的な大成功を収めていたオランダは黄金時代を迎えており、絵画のような芸術文化が花開いていた。教育も充実し、多くの人々が文字を読み、最新の科学知識に触れることもできた。18世紀におけるオランダの大衆は、ヨーロッパでもトップクラスの知的な国民だった。しかしそんな先進的な国民ですら、古い占星術の名残があり、迷信じみた言説に翻弄されていた。

この出来事に心を痛めたアマチュア天文家がいた。エイゼ・アイジンガー（1744年—1828年）である。オランダ・フリースランドで羊毛業を営む貧しい家に生まれたアイジンガーは、高等教育を受けることはできなかったが、独学で数学や天文学の知識を深めた。17歳で天文学の論文を発表したほどである。

アイジンガーにとっては、1774年の天文現象における騒動は、ただ残念な出来事でしかなかった。なぜなら、すでにコペルニクスの地動説は、ガリレオ・ケプラー・ホイヘンス・ニュートンによって確たるものとなっていた。しかし当時の多くの人々は未だに天動説を信じていたからだ。アイジンガーは、人々に天文の知識を広めるため、太陽系の運行模型「プラネタリウム」を作ることを決意した。

アイジンガーは、プラネタリウムを見たこともなければ、プラネタリウムに関する本を読んだこともなかった。研究の末、アイジンガーは、自宅の居間兼寝室を改造し、天井に見上げるタイプの太陽系模型「プラネタリウム」を設置しようと構想した。そのためにまず必要なことは、妻の説得だった。妻は、ゴテゴテした機械の構造を隠すことなどの条件を付けて承諾した。こうして、アイジンガーのプラネタリウム作りが始まった。

アイジンガーの作業は、すべて羊毛業の仕事の合間に行われた。時計機構の外注品など一部をのぞき、ほとんどの部品製作をアイジンガーは自分で行った。多くの困難があったが、徐々に完成へと近づいていった。興味を持った大学教授らがアイジンガーを訪問し、その機械的な仕組みや、芸術的で美しい仕上がりに感激した。一般の人々も、完成を心待ちするようになった。

1781年5月に完成すると、アイジンガーはプラネタリウムを一般に開放した。これが大評判となり、全国から人々が見学に訪れた。アイジンガーは、改良を重ねた。プラネタリウムは町の名所になった。その後、アイジンガーは、政治的混乱に巻き込まれ、故郷から離れるなど苦難の時期を過ごした。数年たって自宅に帰ってくると、プラネタリウムは壊れていた。アイジンガーはくじけず約9年をかけて修理し、再びプラネタリウムを公開した。落ち着いた生活に戻ると、アイジンガーはプラネタリウムのさらなる改良に精を出した。1797年にはフラネケルのアカデミーの学芸員に任命され、アイジンガーの社会的名声が高まった。第2の大型プラネタリウムの建設も夢見た。多くの仕事を任されたためその時間を取ることができなかったが、研究を重ねていき、アイジンガーは生涯プラネタリウムの公開を続けた。1828年に亡くなったあとも、プラネタリウムの見学者は絶えなかった。

アイジンガーのプラネタリウムの縮尺は1兆分の1（1ミリメートルが100万キロメートル）であり、プラネタリウムには水星から土星までの惑星の軌道が表示されている。各惑星は、太陽側の半球に金メッキを施した金属球で表現されている。それぞれ短い金属棒に取り付けられ、太陽の周りを回る。地球には自転・公転する月、木星には四つの衛星、土星には五つの衛星とリングが付けられている。各惑星の軌道には星座盤が描かれ、やや偏心した円には惑星の位置情報が記された。日の出、日の入り、月の満ち欠けの時刻を示す文字盤や時計も作られ、すべては一つの重り駆動の機械によって動かされている。プラネタリウムは実際の星の動きに合わせて作動する。そのため、観客はほとんど動いている

アイジンガーのプラネタリウム

様子を見ることができないが、毎日の天体の位置はきわめて正確であった。プラネタリウムの精度は高く、日食や月食を、必ず正確に表現できた。
現在、自治体がこの施設の管理・運営を担い、今日でも多くの人々がアイジンガーの素晴らしい創造物を見るために町を訪れている。アイジンガーのプラネタリウムは、最先端の科学知識をわかりやすく、感動とともに伝えた。仕組みは違うが現代のプラネタリウムの大先輩といえるだろう。

ここまで天体運行儀の歴史をたどってきた。古代ギリシャにも素晴らしい技術があった。アルキメデスの装置は天球儀と天体運行儀を組み合わせた極めて優れたものだった。その名残はアンティキテラ島の機械にみることができる。この歯車装置はビザンチン帝国やイスラムを通じてルネサンス期に機械式時計に受け継がれた。ドンディのような高度な天文時計には、占星術に役立つ機能が盛り込まれた。コペルニクスにはじまる科学革命は、プトレマイオスの時代の古い天文学を書き換えた。同時に、大航海時代における天文学は国家の命運を握る重要な学問となり、時計師が重要な立場になっていった。天体運行儀は、太陽系の精密な模型という研究目的と、富豪の装飾品という目的で製作された。ガリレオの発見やケプラーの法則を再現する機構も開発された。天体運行儀はやがて天文学教育のために利用されるようになり、アイジンガーのプラネタリウムという傑作が誕生した。

第2章
天体運行儀の歴史

天球儀と天体運行儀は時に交わりながらそれぞれに進化していった。20世紀になり、この二つのルーツが合流することになる。そこには大きなドラマがあった。

第3章　近代プラネタリウムの誕生

1923年10月21日。ドイツ博物館に関係者が多数集まっていた。そこには奇妙な形をした装置が鎮座していた。照明が落とされると、大自然で見上げる夜空と同様の満天の星が出現した。居合わせた人々は驚き、称賛の拍手を送った。近代的な投影式プラネタリウム初公開の瞬間だった。

近代プラネタリウムは、古代より続く、天球儀と天体運行儀の流れが合流し、必然と偶然が折り重なって誕生した。当時、人類はまだ宇宙がどれくらい大きなものかを知らず、地球を飛び出すことは夢のまた夢だった。プラネタリウムは大衆にとって宇宙への扉となった。

本章では、近代プラネタリウム誕生のエピソードを見ていこう。

電気の技術

近代プラネタリウムの誕生に大きな役割を果たしたのが電気技術である。静電気は古い時代から知られていた。古代ギリシャの時代に、琥珀(こはく)を摩擦すると羽毛を引き付ける作用が見付けられていたが、電流をコントロールできるようになったのは電池の発明以降である。

1800年、イタリアのアレッサンドロ・ボルタ（1745年―1827年）は、電気を化学的に起こすことに成功した。ボルタの電池は、亜鉛と銅の板を対にし、塩水に浸した布で包んで積み重ねたもので、一番上にくる亜鉛の板と一番下にくる銅の板を針金で結んで電流を流す仕組みである。その後、多くの研究者がボルタの電池を改良し、やがて電気の実験が行われるようになった。

1831年頃、イギリスのマイケル・ファラデー（1791年―1867年）は、電線を何重にも巻いたコイルに磁石を出し入れすると電流が流れることを発見した。ファラデーの公開実験は大きな話題になった。見学者の1人が「この新しいおもちゃは何の役に立つのか」と質問したところ、ファラデーは「生まれたばかりの赤ん坊が何の役に立つかわかりますか」と答えたという。ファラデーがどこまで未来を予見していたのかわからないが、「生まれたばかりの赤ん坊」である電気の技術は、人類の文化と生活に革新的な変化を与えた。

磁石とコイルによって電流が発生する仕組みは、機械的なエネルギーと電気的なエネルギーを変換する技術、つまり発電やモーターを生み出した。1800年代は、これらの技術を実用化し、社会に普及させていく時代だった。発電機が実用化されると、次に電線で結んだ信号（電信）の技術が普及し、通信の革命がおこった。19世紀後半には、電気信号を音声に変換する技術（電話）が生み出された。

電気技術により夜道を照らすことができるようになることは、人々の活動時間を増やすことになり、歓迎された。１８００年代前半からは、放電によるアーク灯が用いられた。アーク灯は非常にまぶしく、家庭での利用には不向きだった。そのため、白熱電球の開発がすすめられた。白熱電球とは、真空またはガスを封入したガラス球にフィラメントを入れて電気を流して白熱させ、程よい光を得られるものだ。白熱電球のフィラメントはすぐ切れるという欠点があるため、長寿命化を目指す開発競争がおこった。数々の実験の末に白熱電球の実用化に成功したのが、米国のトーマス・エジソンだ。エジソンの研究において、日本の竹を用いた炭素のフィラメントが最もよかったとされるエピソードが知られている。

次々に技術開発を成功させたエジソンは発明王とよばれた。１８８１年、パリで開催された電気博覧会でエジソンは白熱電球を公開し、人々を大変驚かせた。この時の博覧会に参加して、深く感動した人物の１人に、ドイツから訪れた若者、オスカー・フォン・ミラー（１８５５年―１９３４年）がいた。

ミラーの夢とツァイス社との出会い

近代プラネタリウム誕生の物語は、オスカー・フォン・ミラーから始まる。ミラーはドイツの土木技術者で、電気技師、水力発電の先駆者、そしてドイツ博物館の創設者として知られている。

ミラーはミュンヘン工科大学で土木工学を学んだ。学友にはディーゼルエンジンの発明者、ルドルフ・ディーゼルがいる。大学の卒業後、ミラーはバイエルン州建築局に就職したが、その仕事の内容は意欲にあふれるミラーにとっては物足りないものだった。

オスカー・フォン・ミラー（1855-1934）

米国のエジソンの発明を代表例として、当時は電気技術が急速に普及していた。ミラーは、バイエルン州で水力発電を実現するための勉強として、1881年、パリ電気博覧会を見学した。パリ電気博覧会は電気技術のはかり知れない可能性を示した。若きミラーは感激した。この経験は彼の人生を決定づける大きなきっかけとなった。

ミラーは、当時まだ若い分野であった電気工学に独学で取り組んだ。1882年、ミラーはミュンヘンでドイツ初の電気工学展示会を開催した。この展示会において、マルセル・デプレとともに、バイエルン州のミースバッハからミュンヘンまでの約60キロメートルの距離にわたる直流電力の送電に初めて成功した。この時に送られた電力により、会場内に2・5メートルの人工の滝が作られた。この成功により、ミラーは、電力事業との関わりを深めていった。後にフランクフルトで開催した展示会では、発電所から会場までの176キロメートルの距離をつなぎ、2万ボルトの三相電流の長距離送電で人工の滝を流し、1000個の白熱灯で会場を照らしてみせた。これは交流送電の画期的な進歩だった。この後もミラーは、電気街路灯用の電力を供給したり、進歩的な主婦たちと一緒に電気調理を試したりするなど、電気の普及につくした。また、水力工学と土木工学に関わり続け、ミュンヘン工科大学に「オスカー・フォン・ミラー水力工学・水管理研究所」を設立した。これは他の水力工学研究機関の模範となった。

ミラーは技術の展示に強い関心を持ち、「偉大な芸術作品と同様、科学技術の分野の作品も、人類の文化功績として、人々に知ってもらうのと同時に後世に残すべきだ」という考えを持つようになった。1903年、ミラーは科学技術をテーマとして、一般大衆が楽しみながら学ぶことができる科学技術の博物館「ドイツ博物館」をミュンヘンに建設することを構想し、協力者を呼び集めた。

天文の展示については、ドイツ・ハイデルベルグ天文台の天文学者マックス・ヴォルフに相談した。ハイデルベルグ天文台にはツァイス社製の最新の天体望遠鏡が設置されていたのだ。ミラーは相手をその気にさせるのが実にうまかった。ミラーの相談に応じ、ヴォルフはツァイス社を紹介した。ツァイス社はミラーの求めに応じて、最新の大型望遠鏡の模型の提供を行った。こうしてツァイス社とドイツ博物館の連携が始まった。

ツァイス社は、1846年、光学者のカール・ツァイス（1816年―1888年）によって、ドイツのイエナで設立された。

ツァイス社は光学技術に優れ、顕微鏡の製造で高い評価を受けていた。ツァイスはそれに満足せず、トライ・アンド・エラー方式で行う開発方法を、光学理論に基づく数学的設計に改めることにした。この製造プロセスの実現のため、ツァイスは、若くて才能あふれる光学専門家エルンスト・アッベ（1840年―1905年）を招いた。その後、ガラスの専門家オットー・ショット（1851年―1935年）が合流した。この2人の加入によってツァイス社は大きく発展していった。

カール・ツァイスが亡くなると、アッベが主導する形で1889年に財団が設立された。アッベは高い理念の下でツァイス財団の基本的な考え方を実現した。その内容は次のとおりである。

＊応用指向の研究を基本姿勢とする。
＊光学、ガラス技術、精密電子工学等で高品質の製品を開発・製造する。
＊全従業員に対して長期的に社会的責務を果たす。
＊財団外においても、重要な科学技術分野の発展に資する。
＊公共的な使命の達成に協力する。
＊学術、技術および市場は三位一体となって発展する。
＊学術、技術および経済は人間に奉仕するものであってこの逆ではない。
＊企業は従業員との特別な連携のもとに存在する。
＊決定過程への参加によって従業員の創造性が高揚される。

ツァイス社は世界に先駆けて、年次有給休暇、年金制度などの概念を導入し、労働者の待遇改善に努めた企業でもあった。１９００年4月1日には8時間労働制を実現している。技術的に価値の高い新規の発明については特許を取ることを禁じ、進んで公開するものとした。さらに、他社が経営上の理由から二の足を踏む分野に対しても、財団傘下の企業に呼びかけて積極的な技術開発を行った。

こうした姿勢がグループの従業員の労働意欲の向上につながり、生産性を飛躍的に高め

コペルニクス型プラネタリウム

た。結果としてツァイス社の製品は、19世紀末から軍事や医学をはじめ、その他の専門分野でも最高の性能を備えた製品として世界中で使われた。

星空を展示する難しさ

ミラーが望んだのは、星空を展示する仕組みをドイツ博物館内に持ち込むことであった。しかしその希望は、困難であることは明白だった。アッベの精神で満たされたツァイス社でさえ、依頼を断ったほどである。ツァイス社は、こうした装置の製作を、既存の製造工程の枠からはみ出すと判断したのだ。しかし、ミラーは情熱の人だった。他の事業と同じくあきらめずに説得を続けた。対応したのは、ツァイス社のルドルフ・シュトラウベルだった。シュトラウベルはアッベの後継者で、人格者だった。優れた技術者であり、かつ優秀な経営者でもあった。２ヵ月におよぶ熟慮の末、シュトラウベルはプラネタリウムの製作を行うことを決断した。それだけでなく、無償で製品を提供することを約束した。

１９１２年、ツァイス社は、ミラーの求めに応じた展示装置を完成させた。それはガラスの天球儀に恒星をエッチングしたものであり、中央に太陽系儀が配置された見事な装置だった。古代ギリシャのアルキメデスの天体運行儀はこのようなものだったかもしれない。

ところがミラーはこの美しい作品に満足しなかった。彼が特に不満だったのは星が光らないことだった。電気技術者であったミラーは、電球で星を光らせ、電気モーターを用いて天体の動きを再現することを強く希望した。同時に、ヴォルフは天文学の発展に一般の人々が追いついていないことに問題を感じており、時間を短縮して天体の動きを理解することができる教育的な模型を希望していた。

ミラーとヴォルフの２人は、電球や電気モーターを用いて星空の展示を行うコペルニクス型とプトレマイオス型のふたつのタイプのプラネタリウムを改めて発注した。コペルニクス型とは、太陽系を俯瞰（ふかん）して見られるような展示装置であり、プトレマイオス型は地上から見た星空を再現する展示装置である。１９１３年暮れのことだった。

このうちコペルニクス型プラネタリウムは、比較的順調に開発された。ツァイス社のフランツ・マイヤーが開発の中心となり、最終的に１９２３年にドイツ博物館に設置された。

直径12メートル、高さ2・8メートルの部屋で、各惑星が天井から吊り下げられた。中央には直径23センチのオパールガラス電球が光った。部屋の照明が消されると、中央の太陽が暗くなり、壁面に配置された黄道十二星座に対応した180個の小さな光が灯った。その光景は非常に感動的なものだったという。見学人は地球の位置のゴンドラに乗って潜望鏡をのぞき、惑星の運行を観察することができた。コペルニクス型プラネタリウムは、18世紀のアイジンガー・プラネタリウムをさらに発展させた、太陽系儀の最高峰ともいうべき見事な展示だった。ところがもう一つのプトレマイオス型として開発された投影式プラネタリウムは、さらにインパクトを持った装置だったため、すっかりコペルニクス型のプラネタリウムの存在は霞(かす)んでしまった。

投影式というアイディア

プトレマイオス型のプラネタリウムは、地上から見上げた星空を再現するものだ。ミラーとヴォルフのアイディアは、「半球状のドームを薄い鉄板で作り、鉄板に穴を開け、ドームの外を明るくし、星のように見せる。内部には太陽系の機構を組み込み、太陽・月、惑星が黄道に沿って動く。中に少数の観客が入り、天体の動きを眺める」というものだった。アトウッド天球儀と類似点もあり、その発展型といえる。完成すれば見事な展示になると思われたが、見学者が多い場合、長い順番待ちになることが懸念された。なにより大きな問題点は、「球体内部に、太陽・月・惑星の運動を表示する」という複雑な機構が現実に可能なのか、全く不透明だったことだ。

プラネタリウムの構想はあっても、実際の仕様が定まらないという状況のまま、ドイツ博物館の建設が進んでいた。そのため、ツァイス社とドイツ博物館の間でプラネタリウムに関する緊急の調整が必要になっていた。

ヴァルター・バウワースフェルト
(1879-1959)

ここで、プラネタリウムの歴史上の重要人物が登場する。ヴァルター・バウワースフェルト（1879年―1959年）だ。バウワースフェルトは、ベルリンで靴屋の息子として生まれ、貧しい生活を送っていた。少年時代の夢は天文学者だった。機械技師としての訓練を受け、ツァイス社の工場技術者としてレンズ製造など光学製品の製造に従事した。細かい作業に優れていたバウワースフェルトは若い時代からその才覚を認められ、ツァイス社の経営陣に大抜擢されていた。重要な会議に、若きバウワースフェルトも出席した。

1914年2月24日、ツァイス社があるイエナ市でミラーの呼びかけによる会議が開かれた。この会議で歴史的なやり取りが行われた。その時の様子を、バウワースフェルトは後にプラネタリウムの回想的論文で次のように記述している。

ツァイスの経営委員を務めていた私は、イエナで行われた会議に出席していました。その席で、ミラー氏の考える機械の製作がいかに困難であるか、ということが話題になりましたが、克服できないとも思いませんでした。私は「どうしてそんなに複雑で重い機械を作りたいのですか？」と質問しました。「それなら球体の内側に天体の絵を光学的に投影するほうがずっと良いでしょう。そうすれば、複雑な機械は、中央に小さく配置された光学装置に置き換えることができます」。私がこの言葉を発した直後に、同じ会議に出席していた経営委員会の同僚であるシュトラウベル教授が叫びました。「それなら恒星も中央の装置から投影されるべきです！」これが、ツァイス・プラネタリウム誕生の瞬間なのです。

中央に投影機を配置し、ドームに星の光を投影すれば、投影機の動きで星の運行を表現できる。ドームを大きくすれば、多くの観客が見学できる。この「投影式」プラネタリウムの発想は全く新しいものだった。

ミラーはこのアイディアをとても喜んだ。1914年4月、正式にプラネタリウムの発注が行われ、設計の仕事はツァイス社の天文学部門に託された。

暗闇の映像技術

バウワースフェルトとシュトラウベルが提案した天体の光を投影するというアイディアはどこから来たのだろうか。これは興味深いテーマである。暗闇に絵を映す技術は、電球が登場する前からの歴史がある。

17世紀、ホイヘンスらは、マジック・ランタンを発明した。マジック・ランタンとは、レンズとランタン（持ち運びできるランプ）を使い、スライドに描かれた絵や写真を拡大して壁面に投影する装置だ。マジック・ランタンは現在のプロジェクターの先祖となる技術だ。日本語では幻燈と訳されることもある。マジック・ランタンは人々の関心を呼び、発明されるとすぐにヨーロッパ全体に広がった。学者や旅芸人、修道士らが旅をして披露し、17世紀後半には中国や日本にも届いた。

マジック・ランタンは、科学者によって、光の原理の実験など教育分野で用いられた。一方で、暗がりにスモークを焚いて亡霊を浮かばせるなど魔術的な見世物にもなった。暗闇に浮かぶ光の実演は観衆の関心を強力に引いた。

写真の共有にも役立てられた。写真は、レンズを通じてできた像を化学的にフィルムに記録する。写真術ができた当初、写真をプリントする技術がなかった。そのため、多人数で写真を見るときは、マジック・ランタンを使い写真を壁に投影した。18世紀以降、写真を投影し、解説するという講演が盛んに行われた。観客は外国の風景や見聞話を楽しんだ。語り手が話をするだけでなく、観客からの拍手や掛け声というリアクションが加わって、同じ映像を共有することによる一体感が生まれた。マジック・ランタンは映画が登場する以前の重要な映像メディアだった。

19世紀の終わり、エジソンが映画技術を発明すると、マジック・ランタンの実演は映画に置き換わっていった。メディア技術史の視点では、マジック・ランタンのショーは、「古来より行われてきた演説」と「近代の映画」の中間に位置づけられる。映画史家のチャールズ・マッサーは、マジック・ランタンをスクリーン・プラクティス（映像、技術、語り、音楽、音響効果など）の一つとし、映画もスクリーン・プラクティスの歴史で考察することを提案している（現在のプラネタリウムもスクリーン・プラクティスと考えて良いと、筆者は思う）。

マジック・ランタンは、人が中に入るタイプの天球儀「ウラニウム」でも用いられた。またアトウッド天球儀では、懐中電灯のように太陽が投影された。実は同じ頃、ドイツでも同様の発想が生まれていた。1912年12月、バーゼルの教師E・ヒンダーマンは、ドイツ博物館向けに、内面に投映される影によって惑星のループ軌道を表現するような展示装置の提供を申し出ている。この装置が投影式プラネタリウム誕生に影響を与えたかどうかは不明であるが、このような発想が生まれる状況がすでにあった。バウワースフェルトらのひらめきエピソードには、こうした時代背景があった。

バウワースフェルトが開く扉

バウワースフェルトらがプラネタリウムを開発し、完成させるまでの道のりは、決して平坦なものではなかった。動き始めたプラネタリウム開発プロジェクトはわずか4ヵ月でストップしてしまった。第一次世界大戦が始まったのだ。第一次世界大戦は、4年間続いた。かつてない科学兵器が使用され、2000万人に近い戦死者を出した。ヨーロッパは深く傷ついた。

1918年、戦争が終結した。戦後の混乱の中、ツァイス社はプラネタリウム開発を再開したが、技術的な大きな課題にぶつかっていた。

1919年3月22日、土曜日。バウワースフェルトは、オフィスの自分の机の上に、手紙が置かれているのを見つけた。プラネタリウムに関するミラーあての手紙で、バウワースフェルトがサインをすればすぐに送付できる手立てとなっていた。

手紙には、「熟慮の結果、投影式のプラネタリウムは設計不可能です。最初の計画に戻ることが必要と思われます」と書かれていた。この頃、バウワースフェルトは多くの経営上の課題に対応していた。プラネタリウムの開発から遠ざかっており、技術的な困難があることを何も知らされていなかった。

バウワースフェルトは腹を立てた。手紙に書かれた技術的困難は、解決可能だと考えたからだ。バウワースフェルトは手紙のサインを保留し、ただちに問題解決に集中した。そして3月24日月曜日の朝には、見事な解決案をもって出社したのである。

ここで、技術者が直面した課題と、バウワースフェルトの解決策について説明するために、プラネタリウムにおける最重要部分である、恒星の投影装置「恒星球」について解説しよう。

恒星を天球ドームに投影するためには、恒星に対応した穴を持つ薄い板を用意する必要がある。先に紹介したアトウッドの天球儀のような球体を小さくして、内部から電球を光らせ、大きなドームに投影するようなイメージだ。これはピンホール式のプラネタリウムと呼ばれるもので、現在でも学園祭などで使われる手作りプラネタリウムはこの方式が主流である。これは簡便なものであるがゆえ、投影される恒星像はシャープさに欠けるという短所がある。本物のようにシャープで美しい星空を表現するために、ツァイス社の技術陣は当初より写真レンズを利用したレンズ光学式（以下、光学式）プラネタリウムの開発に取り組んでいた。

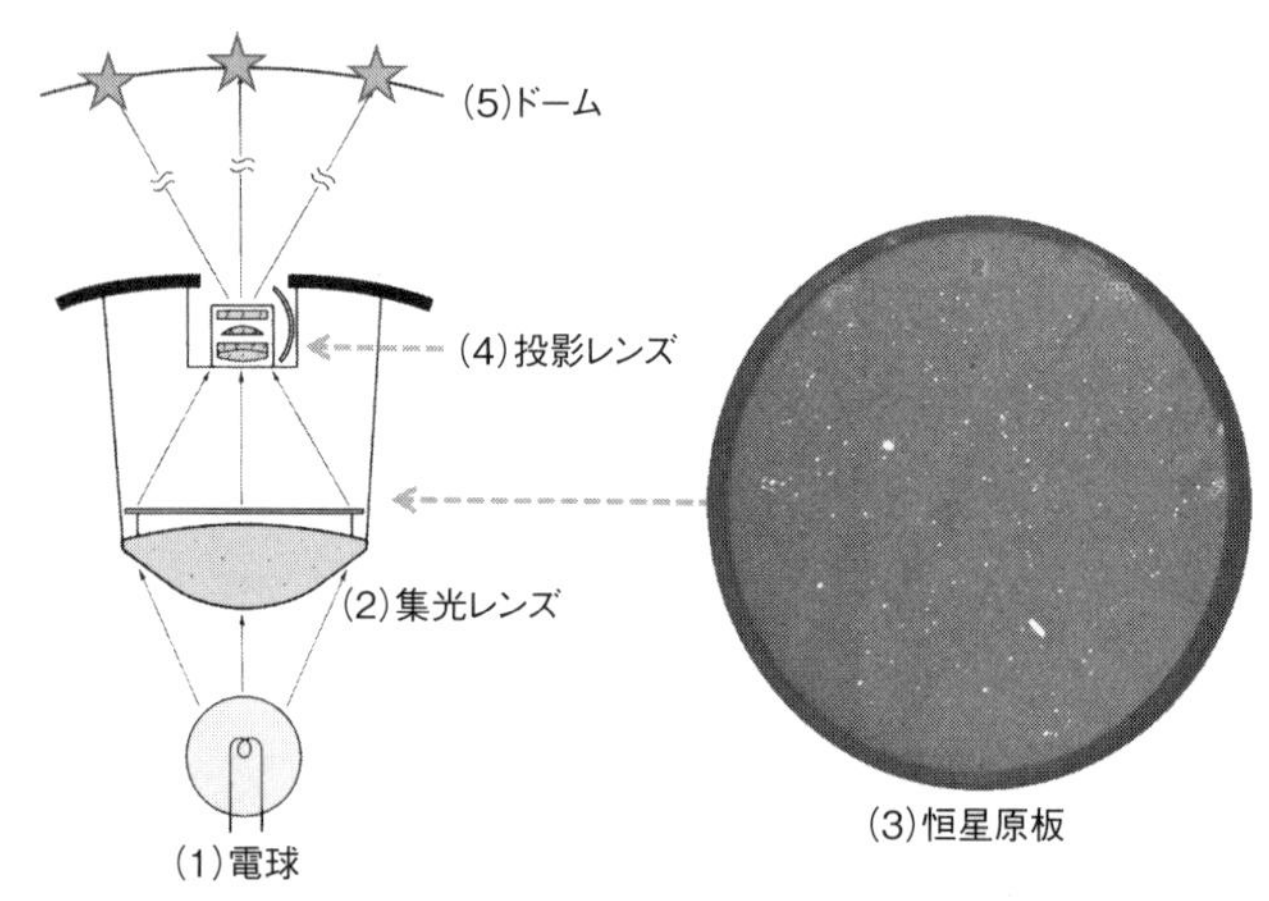

レンズを使った恒星投影機構

ツァイス社は1902年に発表したテッサー・レンズという4枚構成の高性能な写真レンズの技術を有していた。

レンズで恒星を投影するために、考え出された機構は上図のとおりである。まず投影のもとになる恒星原板（3）を用意する。恒星原板は、恒星の位置に穴を開けた薄膜だ。穴のサイズは明るい星を大きく、暗い星を小さく、といった具合で等級に対応させている。恒星原板の背後から電球（1）で光らせる。光を均等に照射するために、電球と恒星原板の間に集光レンズ（2）を置く。こうしてでき上がった「小さな星空」を投影レンズ（テッサー・レンズ）（4）によってドームスクリーンに投影する（5）。集光レンズと、恒星原板、投影レンズを組み合わせた装置が恒星投影機だ。恒星投影機を全方向に配置すれば

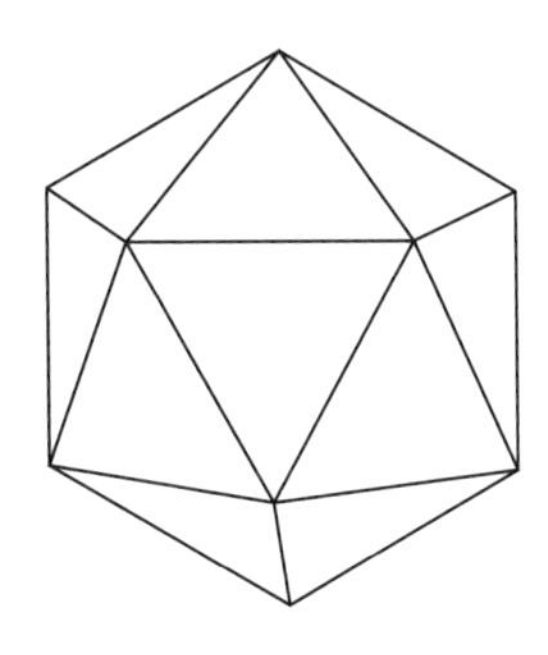
正二十面体

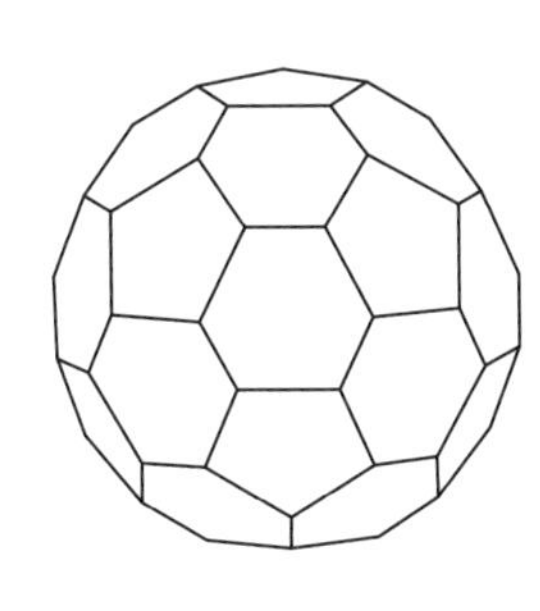
三十二面体

全天の星空となる。こうして光る天球儀ができあがる。
理論的にはそうなるのだが、解決すべき課題は多い。特に大きな問題は、投影レンズの周辺収差だ。星のような点状の光は収差によるゆがみを顕著にさせる。これでは星空の表現は台なしになる。恒星投影機1台当たりの受け持つ範囲が狭ければ、投影レンズの中央付近の良像を使い、周辺の劣化した像を投影させなくて済む。つまり、全天をできるだけ多く分割することが望ましい。一方、全天の分割は、正多面体の各面に対応させる形となる。最大の面数を持つ正多面体は、古代ギリシャの哲学者プラトンが論じた通り、正二十面体である。しかし正二十面体では、一つの恒星投影機が受け持つ星空が広すぎて、収差の問題を解決できなくなる。ツァイスの開発

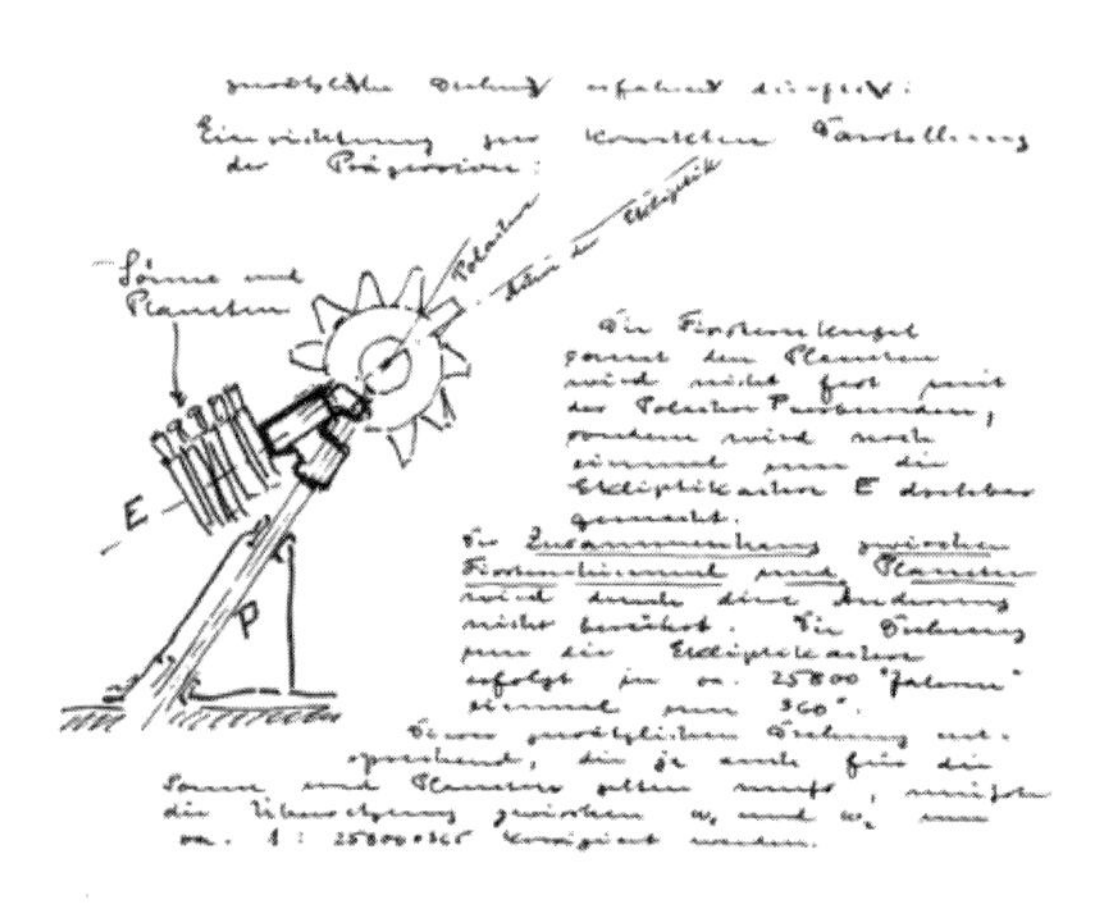

バウワースフェルトによる最初のメモ

陣にとって、これは解決不可能な根本的な問題と思われていた。これが先の手紙につながったわけだ。

週末の熟慮で得られたバウワースフェルトの解決策は、「正多面体にこだわらない」というものだった。正二十面体の各頂点を切ると、12個の五角形と20個の六角形を組み合わせた三十二面体となる。これでレンズの良像範囲を超えることなく、全天を分割することができる。このアイディアによって、全天の恒星を投影することが現実的に開発可能となった。

手紙の一件以降、バウワースフェルトがプラネタリウム開発に取り組むことになった。彼は600枚の手書きのメモを残している。最初のメモは1920年5月5日の日付が入ったもので、基本的な構想がほぼ完成した形

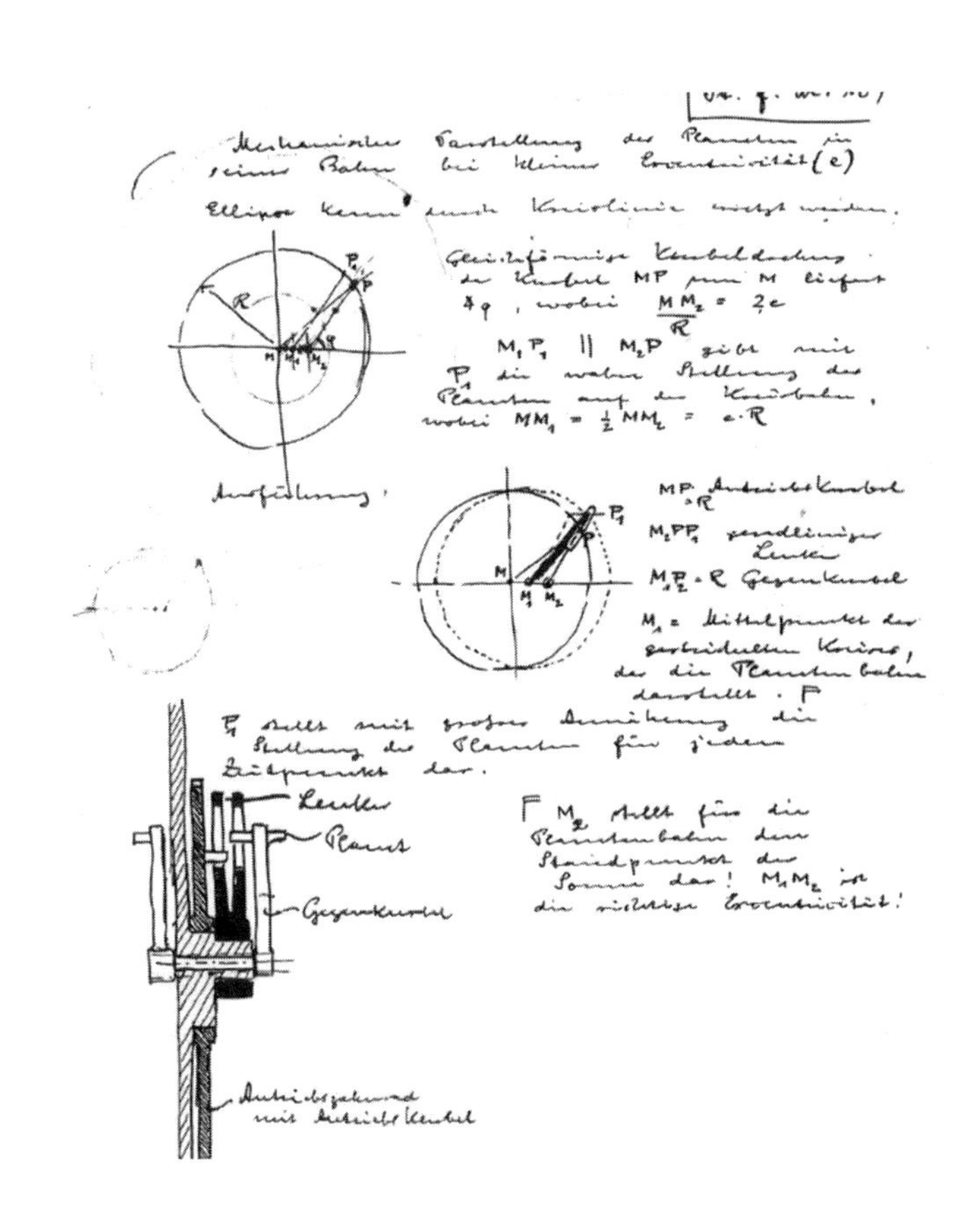

バウワースフェルトによる惑星の運行機構の計算メモには、
ケプラーの法則を再現するため離心円を用いるアイディアが書かれている

で書かれていた。

一緒に開発にあたった技術陣からは、ドームに投影した光点を星空として実感できるのか疑問の声も上がった。しかし実際に点灯し、天空が人工の星々で光り輝いたとき、開発に関係していた者でさえ言葉で言い尽くせないほどに深い感銘を受け、成功を確信したという。バウワースフェルトは、後に次のように語っている。

「設計には膨大な数の図面と計算が必要でした。でも深刻な問題にぶつからなかったのは、運がよかったと思います。最終的には想像していたよりもずっと素晴らしい成果が得られたのです」（アーミン・ヘルマン／中野不二男訳『ツァイス　激動の100年』）

戦後の当時、ドイツは過酷な状況にあった。ツァイス社も多くの困難を抱えていた。政治的・経済的に混乱していた時期だったが、むしろだからこそ、バウワースフェルトにとってプラネタリウムの開発は、純粋な喜びに満ちた技術開発の時間となり、ありがたい逃げ場だったという。

イエナの驚異

プラネタリウムの開発にあたり、試験的な投影が繰り返された。ミラーはベルリン出張の折に寄り道をして何度もツァイス社を訪れ、投影機の見学を行い、完成への期待を深め

ツァイス社の屋上に設置されたドーム（1924年）

ていった。ミラーはミュンヘンで開催される博物館委員会の総会でプラネタリウムを実演することを希望した。バウワースフェルトは、ミラーと相談し、開発途中のプラネタリウムをミュンヘンに持ち込むことにした。

１９２３年10月21日、ドイツ博物館に仮設された直径10メートルのドームの中央に、まだ塗装されていないプラネタリウムが配置された。

プラネタリウムの操作と解説は、バウワースフェルトが行った。ドームに満天の星が現れ、天体の運行が再現されると、人々は大変驚き、大きな拍手が沸き起こった。人工の星空という、かつてない仕事に対する心からの称賛だった。プラネタリウムは数週間ミュンヘンに置かれ、評判を聞きつけた多くの見学者が訪れた。１９２３年末、プラネタリウムはいったんイエナに戻され、徹底的な検査と手直しが続けられた。

プラネタリウム開発の過程で、重要な発明があった。ドームの建築技術だ。星空を投影するには、正確な形状の大きな半球ドームを建設する必要がある。最初、布製のテントを張ることが検討されたが、当時のドイツでは布は非常に高価だった。一方で鉄は比較的安価だった。そこで鉄の棒を三角に組み合わせたシェル構造が考案された。ドームの設計には、エンジニアで建築構造の専門家であるフランツ・ディシンガーが協力した。完成したのは、三角形の正二十面体を拡張した世界初の測地線構造だった。

この構造の発想がどこから来たのだろうか。一つの仮説がある。この構造が、水中微生物の放散虫にとてもよく似ているのだ。放散虫は顕微鏡で観察できる小さな生物だが、ツァイス社の顕微鏡により、鮮明に観察できるようになっていた。生物学者エルンスト・ヘッケル（1834年―1919年）はツァイス社の顕微鏡で見た放散虫の美しいスケッチを発表していた。ヘッケルはガラス工芸家に放散虫の構造模型を作らせていて、その美しい造形はブームになったほどである。放散虫の模型やスケッチとツァイス社の屋上ドームはよく似ている。バウワースフェルトらも当然放散虫の研究を知っていたはずである。放散虫の構造がドームの設計に影響を与えたという説は、説得力を持っている。

シェル構造は、軽量で頑丈であることから、現在も大型建築物で採用されている。1924年夏、世界最初のシェル構造を持つ直径16メートルのドームがツァイス社の屋上に置

当時の盛況を伝えるイラスト

かれた。試験公開も大好評で、2ヵ月間で約5万人が訪れた。

こうして、長い開発が終了し、ついにプラネタリウムが常設される日を迎えた。1925年5月7日、ドイツ博物館の新館の落成式が大々的に行われた。この日はミラーの70歳の誕生日でもあった。落成式はプラネタリウムの公開から始まった。バウワースフェルトによってデモンストレーションが行われ、大盛況となった。

プラネタリウムは「イエナの驚異」と称され、観客の来場数は翌年1月までに8万人に達した。プラネタリウムは、後に「ツァイスI型」と呼ばれるようになった。

ツァイスI型のメカニズム

ツァイスI型の構造は左頁の図の通りである。直径50センチの真鍮（しんちゅう）製の球体（恒星球）に31台の恒星投影機（1）が配置されている。球の中央には500Wの電球（4）が配置された。恒星原板を通り抜けた光で6等まで4500個の恒星が投影した。恒星球には、天の川投影機（2）が11台、星座名投影機（3）が30台取り付けられた。さらに、恒星球に太陽系天体の投影機が棚状に付属し、太陽（7）、月（8）、水星（9）、金星（10）、火星（11）、木星（12）、土星（13）を投影する機構が取り付けられた。この部分を「惑星棚」と呼ぶ。惑星棚の取り付け位置の関係で、一部の領域の恒星が投影できない。そのため恒星投影機は32ではなく、31台となった。しかしこのエリアは南極の黄極付近で、ミュンヘンの緯度（北緯48度）の星空を投影する目的では問題にならない場所だった。

恒星球と惑星棚は連結されていて（6）、日周モーター（5）によって地軸に対応した軸（PP）で回転し、自転運動が表現できた。また太陽系の天体は年周モーター（14）から歯車によって伝達され、共通のドライブシャフト（15）でそれぞれ歯車と連動し、正しく運行を再現した。太陽系の天体の動きは、7秒、1分、4分で1年を経過させることができる。さらに歯車伝動が（16）で接続されているため、黄道に垂直な軸（EE）で超低速回

ドイツ博物館で公開されたプラネタリウム

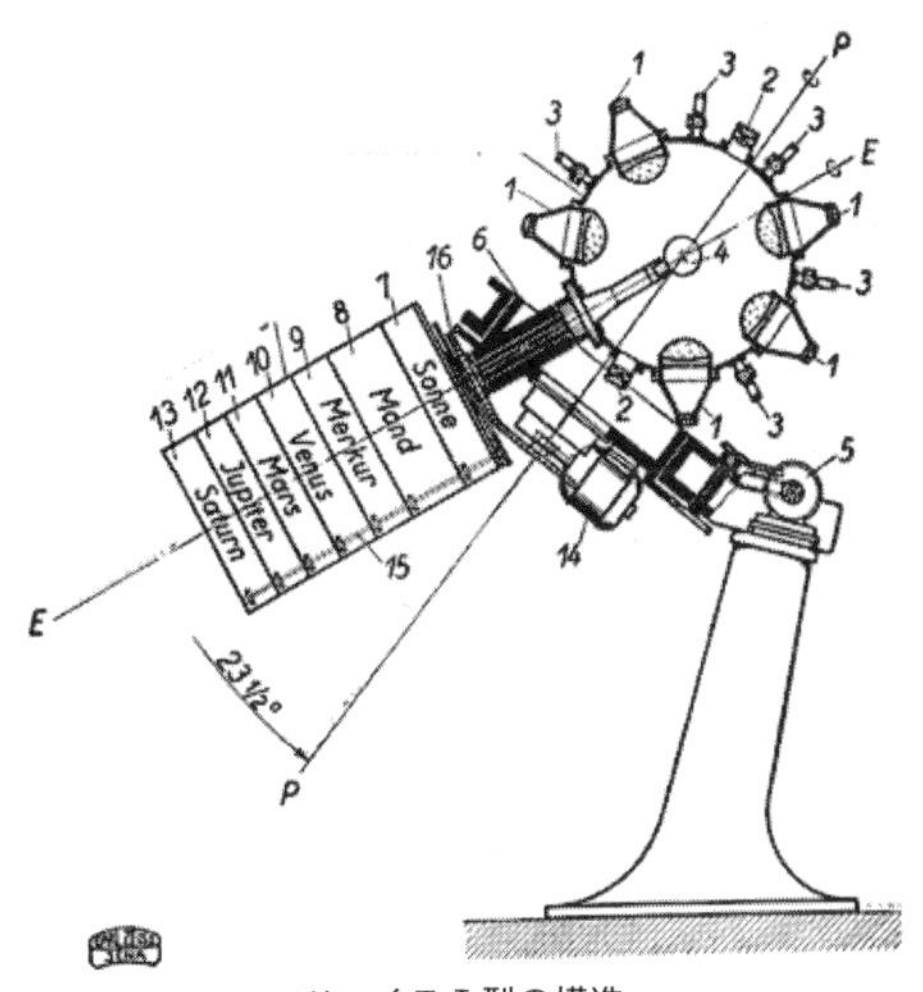

ツァイスⅠ型の構造

転し、限定的だったが、歳差運動を表現することもできた。ツァイスI型は2台作られた。初号機はドイツ博物館で保管され、展示されている。

ツァイスI型2号機は、1926年にドュッセルドルフに設置された後、各地を転々とした。日本でも関心が持たれ、京都帝国大学教授の山本一清（やまもといっせい）が輸入を検討したが実現しなかった。最終的に2号機は、1934年2月20日にオランダのハーグに常設された。第二次世界大戦前後にも公開が続けられ、1959年にはプラネタリウム25周年式典が行われた。1976年1月29日に火災により深刻なダメージを受け、ハーグの博物館の倉庫に保管されていた。2017年よりドイツのアマチュア天文家ロムケ・シーヴィンクを中心とする修復プロジェクトが行われ、2023年現在ドイツで一般公開されている。

ツァイスI型は、2台しか作られなかった。すぐに発展型の「ツァイスII型」が開発されたからだ。世界の星空を投影できるツァイスII型が1926年に発表されると、ツァイス社を代表するベストセラーになった。

世界の星空を投影できるツァイスII型

星空は、緯度によって見え方が違ってくる。たとえば、北極星は北の地方に行けば高く、南へ行くと低くなる。南国に行けば南十字星を見ることができる。ツァイスI型は、投影できる緯度が固定されていたため、このような違いを説明することができなかった。ツァイスI型の開発が進むのと並行して、ヴァルター・フィリガーが中心となり、世界の星空の投影を可能とする万能型投影機ツァイスII型が開発された。

ツァイスII型では、北半球と南半球の恒星球が置かれ、バランスをとった。鉄アレイのような形からダンベル型ともよばれている。光源の電球は1kWへとパワーアップされた。

天球の北半球と南半球はそれぞれ16分割され、全天で32分割となった。恒星の数が増やされ、6・55等星まで8900個の恒星が投影できるようになった。太陽・月・惑星の投影機構は、ツァイスI型を基本としながら性能の向上が図られた。ダンベルの形状のため、北と南の恒星球から出る光がドームに届く際に少し視差が生まれる。その影響を軽減するため、使用するドームの直径は20メートル程度とされた。10メートルドームに対応したツァイスI型と比較して、ツァイスII型は大型の施設になった。変光星や彗星投影機なども付け加えられた。

ツァイスII型

最大の特徴は、日周運動、年周運動、緯度変化、そして歳差運動の機能を完全に備

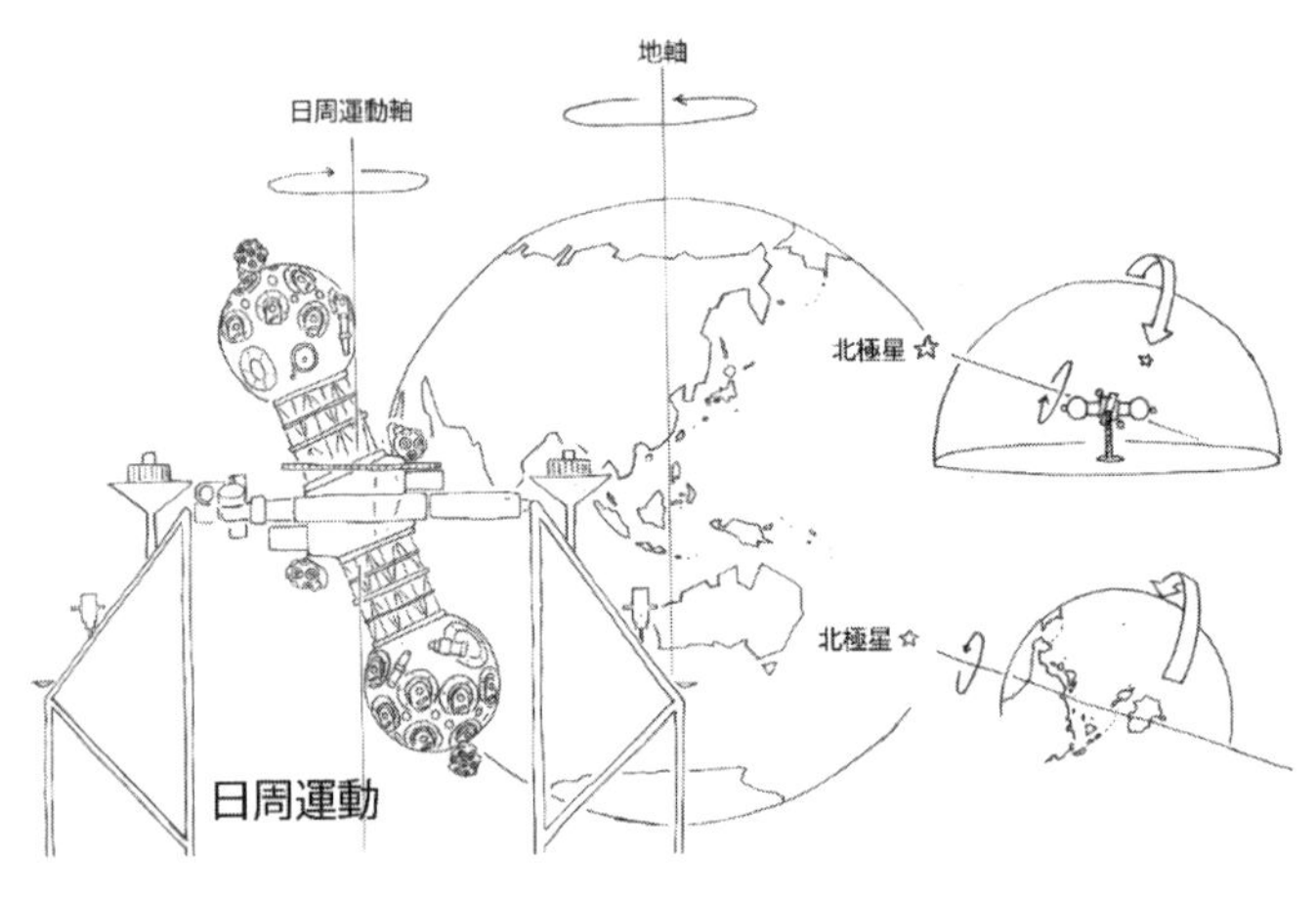

日周運動のしくみ

えたことだ。世界中の時と場所を超越する万能プラネタリウムが完成したのだ。ツァイスⅡ型はその後のプラネタリウムの基本となった。

ツァイスⅡ型のしくみを説明しよう。日周運動、歳差運動、緯度変化は天球儀の歴史の延長上にあるといえる。天体の動きで基本になるのは、地球の自転に伴う日周運動である。日周運動は軸1で表現した。ヒッパルコスが発見した歳差運動は、軸2の回転で表現した。地球の自転軸が長い年月により向きを変え、北極星も時代により変わるようすを説明できる。緯度による星の見え方の違いは、軸3の回転により、北半球と南半球の恒星球の位置の違いで表現する。

太陽系の天体の動きは複雑である。基本的には電球の光をレンズを通じてドームに投影

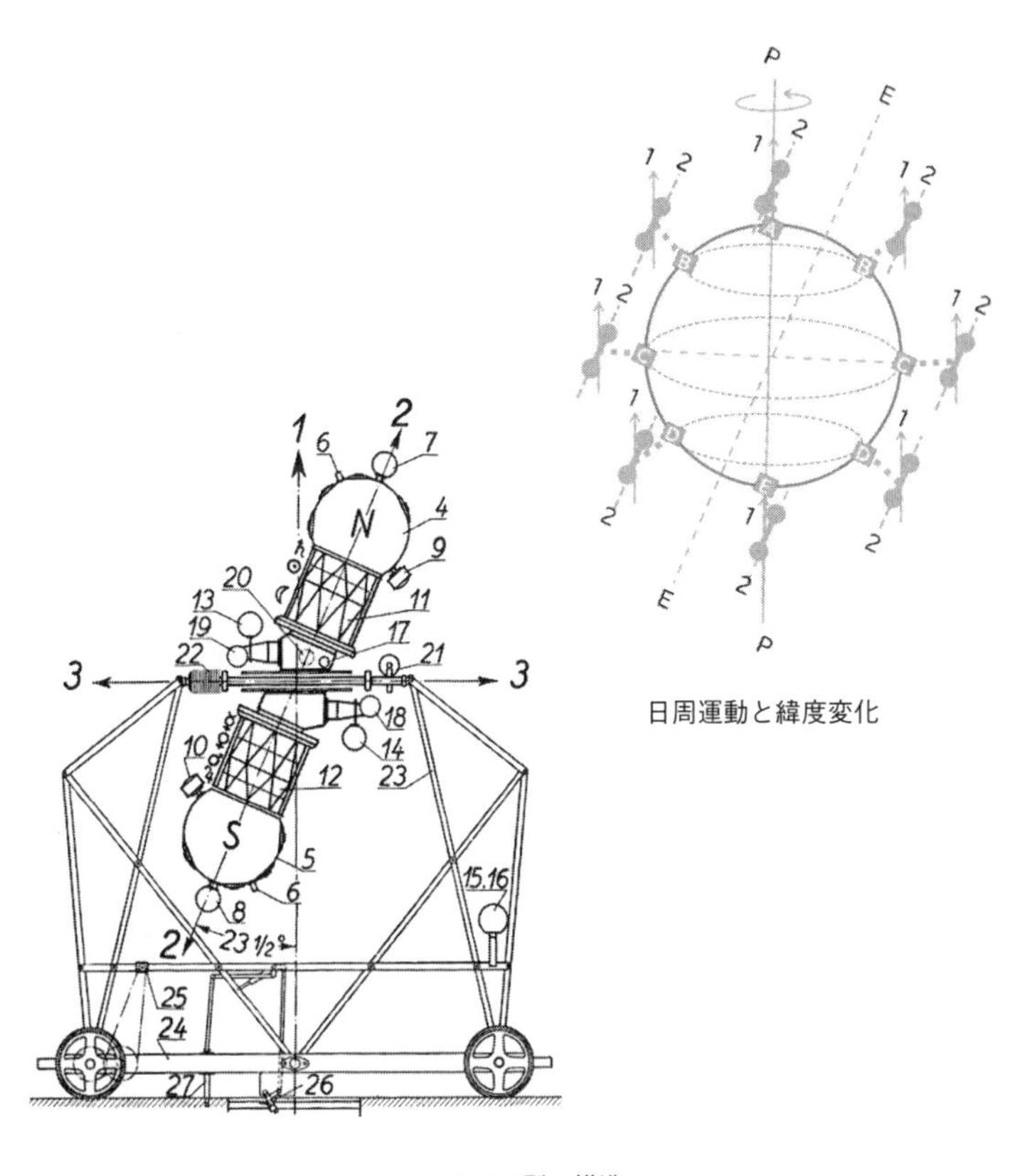

日周運動と緯度変化

ツァイスⅡ型の構造

1　地軸　　2　黄道軸　　3　緯度変化軸　　4　恒星球(北)　　5　恒星球(南)
6　シリウス、変光星等　　7,8　星座名　　9,10　天の川　　11　土星、太陽、月
12　水星、金星、火星、木星　　13,14　黄道赤道ライン　　15,16　子午線ライン
17　年代表示　　18　日周モーター　　19　年周モーター　　20　歳差モーター
21　緯度変化モーター　　22　電力供給　　23　脚　　24,25　移動用車輪
26　アース　　27　固定装置

するのだが、その機構には天体運行儀の技術がふんだんに用いられている。

太陽は黄道に沿って動いているように見える。この黄道に沿った見かけ上の動きは、太陽投影機によって再現される。地球が軌道上の1→2→3を移動している間、地球から中心の太陽に向かって眺める形になっている。さらに、ケプラーの法則に基づく楕円軌道を表現するために、地球の公転軌道を示す円盤はわずかに中心からオフセットされている。このオフセットは、惑星の楕円運動表現でも利用されている。

惑星の動きはより複雑である。例えば火星の逆行ループは、地球が外側の惑星よりも速く公転しているため生まれる。地球が火星を追い越し、通過するとき、惑星は背景の星に対して方向を逆転させる。

図は、惑星プロジェクター駆動の模式図である。Pは惑星を、Eは地球を表す。軌道円盤がそれぞれの速度で回転すると、地球からの視線方向を表現するアライニングロッドRが投影機を正しい方向に向ける。

太陽投影機と同じく惑星の楕円軌道は、中心からオフセットすることで再現した。楕円運動を円運動で正確に近似する方法で、考え方としてはプトレマイオスがアルマゲストで紹介している。理論的には、英国のセス・ワード（1607年－1689年）が1653年に数学的に導いており、ホイヘンスやピアソンの天体運行儀に見られるしくみである。

こうしたしくみを見ると、近代プラネタリウムには、古代から続く天体運行儀の歴史が入

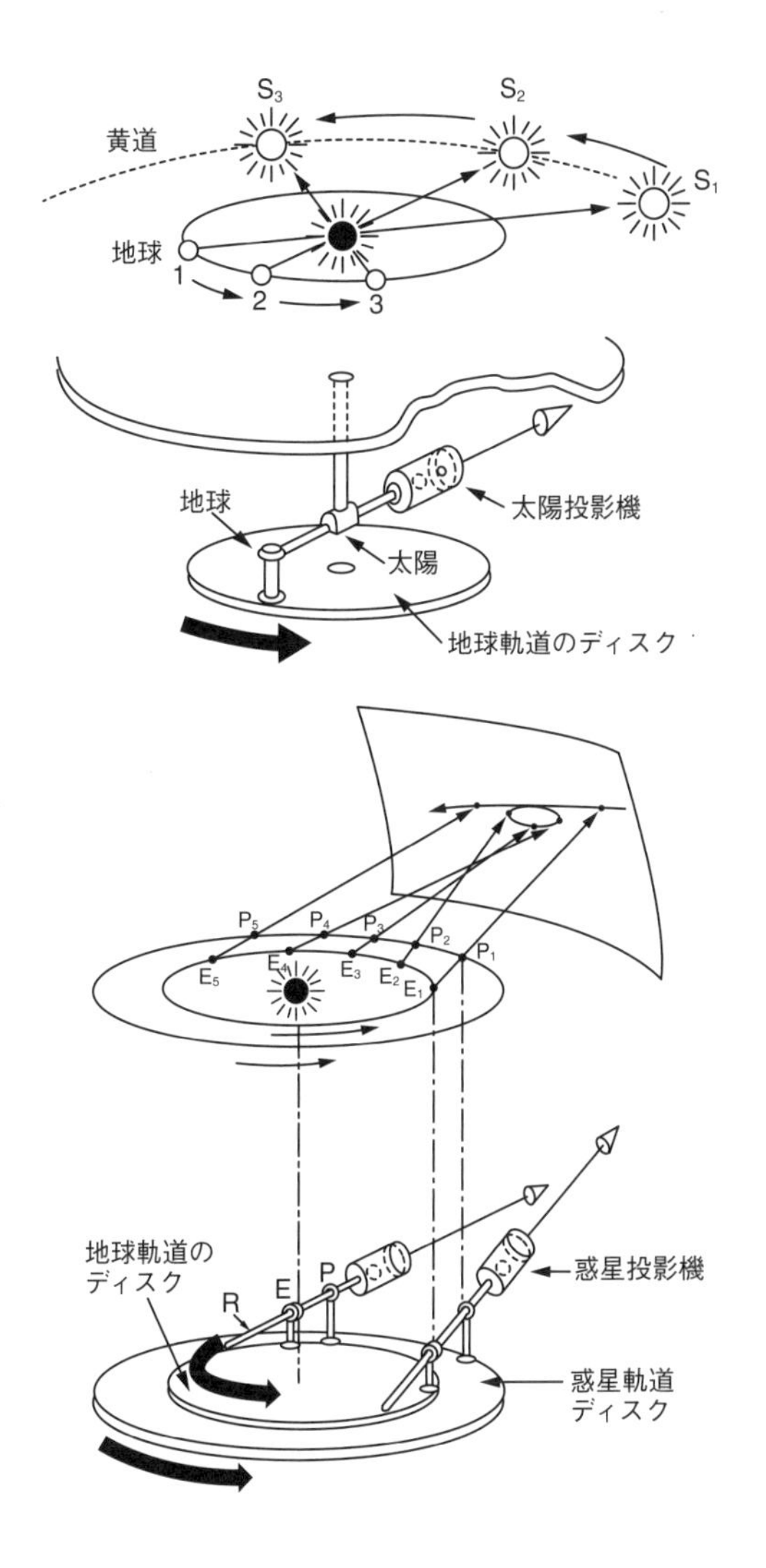
S3
S2
黄道
S1
地球
1
2
3
地球
太陽投影機
太陽
地球軌道のディスク
P5
P4
P3
P2
P1
E5
E4
E3
E2
E1
地球軌道の
ディスク
R
E
P
惑星投影機
惑星軌道
ディスク

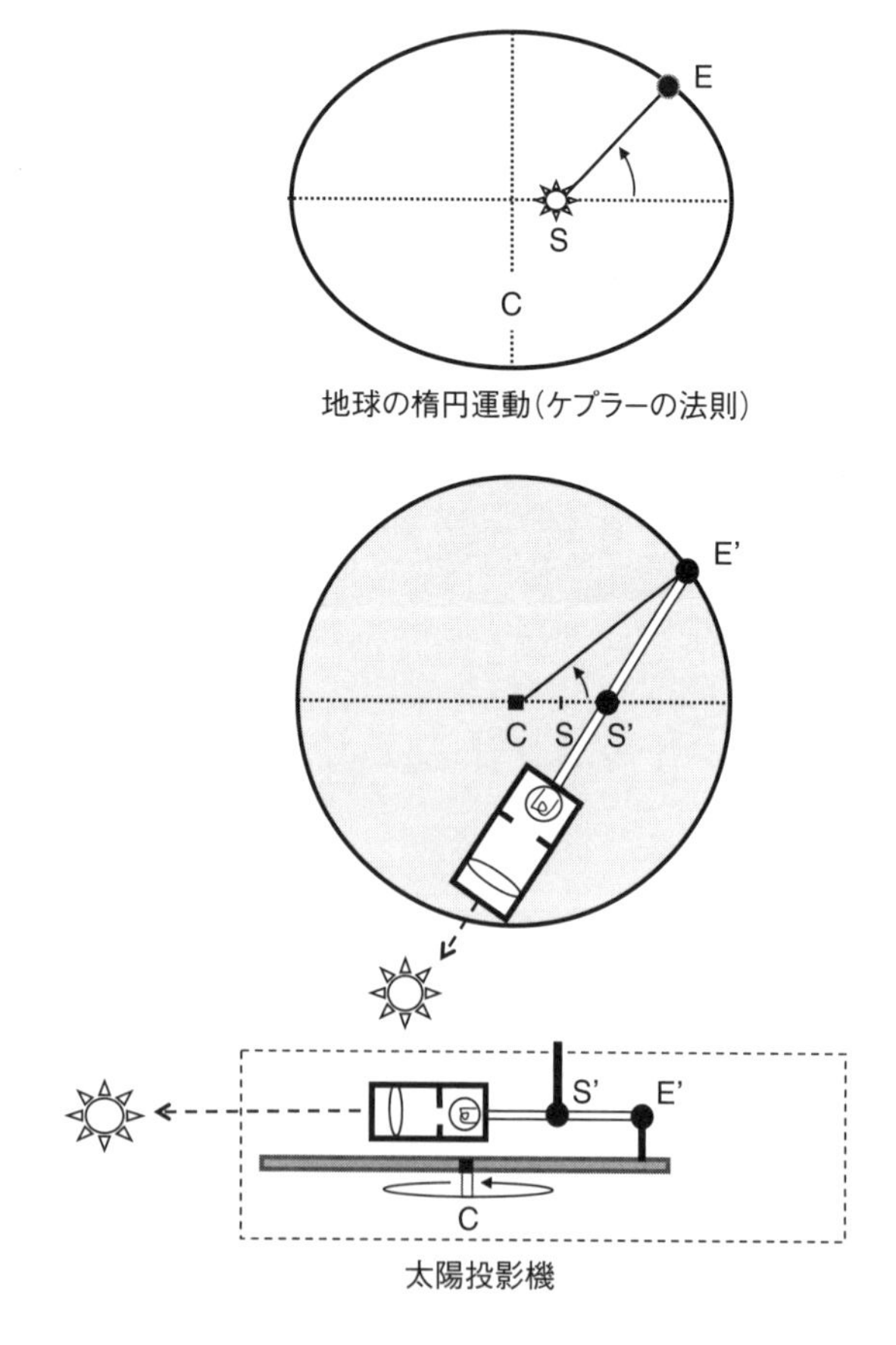

E 点を地球、C 点を地球軌道の楕円中心、S 点を太陽（楕円の焦点の一つ）、
E'点を等速円運動する仮想の地球、CS'＝2CS となる位置を S'点とする。
C 点で離心円運動させ、ケプラーの法則（楕円運動）を近似する。

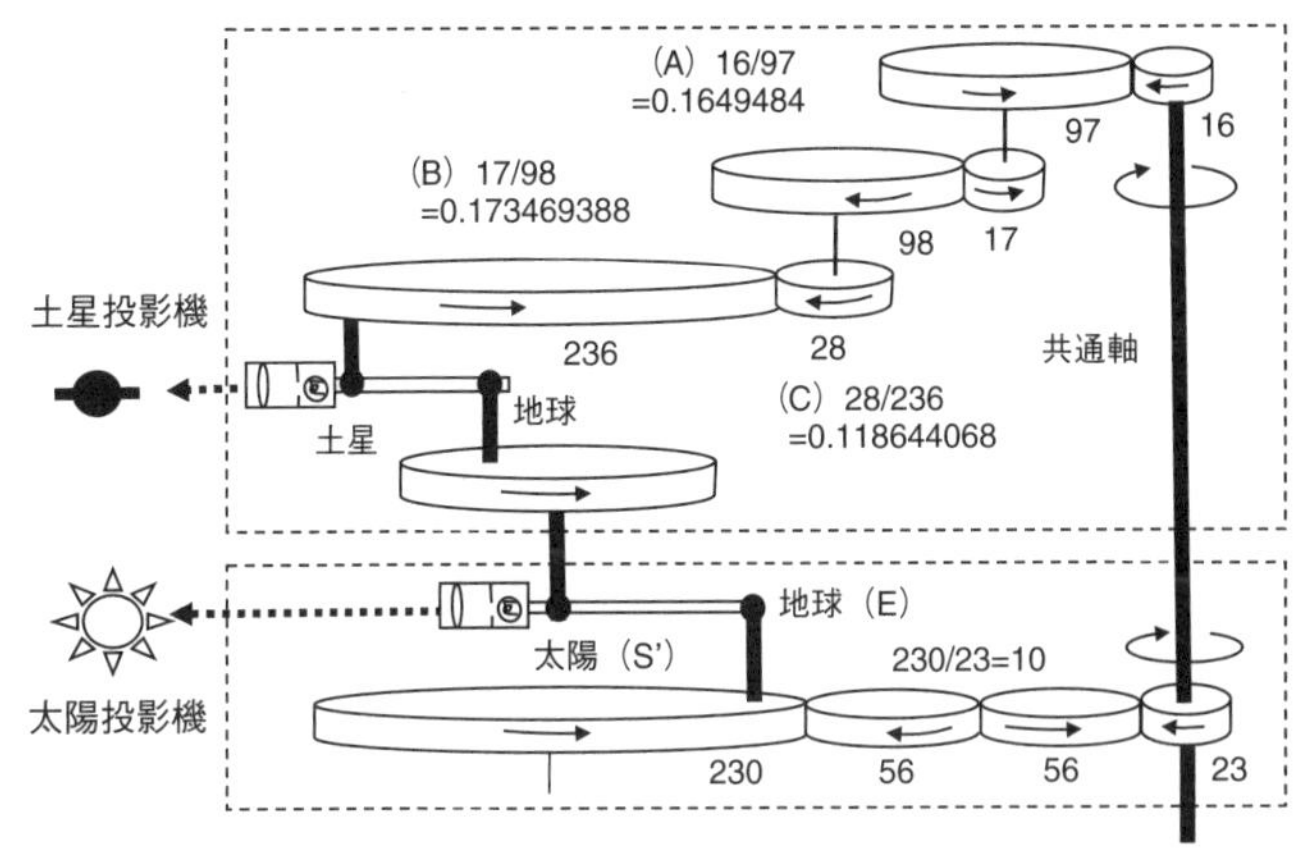

バウワースフェルトの開発した惑星機構
数字は歯車数を表す。地球の1回転（1年）に対し、共通軸は10回転し、土星はA×B×C=0.0339479回転する。つまり、1/0.0339479=29.4569となり、29.4572年の土星の公転周期を正確に再現する。上は、ツァイスイエナ社 UPP23 シリーズのイラスト（提供：ZEISS Archives）。下は、ツァイスⅣ型の歯車データ（提供：村松修）をもとに作成した概念図。両者はツァイスⅡ型の後継機種で、基本構造は同じである。

っていることがわかるだろう。

月の投影機はさらに複雑で、満ち欠けや、日食、月食の再現のための位置変化も実現している。以上の機構を組み込み、前図のように配列したものがツァイスⅡ型の構造となっている。これがドームに投影される。まさに天球儀と天体運行儀が合流したといえるだろう。

投影解説のための装置も開発されている。星空を説明するときに使われる矢印ポインターも製作された。プラネタリウム操作卓も作られた。人々に星空の解説をするという現在に通じるスタイルも誕生したのだ。

ツァイスⅡ型世界に広がる

プラネタリウムの評判が広がると、多くの都市がプラネタリウムの設置を希望するようになった。ツァイスⅡ型は1926年5月18日にドイツのバルメンに、20日にライプチヒ、7月にイエナに設置された後、ドイツ各地からヨーロッパ各地へと普及していった。

プラネタリウムは米国でも大きな人気を呼んだ。1930年、シカゴのミシガン湖畔に富豪マックス・アドラーの寄付によるアドラー・プラネタリウムが建設された。シカゴには、第1章で紹介したアトウッド天球儀があったが、ツァイスのプラネタリウムは人気を

	設置場所		開館日	ドーム直径(m)	注
1	ミュンヘン	ドイツ	1925.5.7	16	I型
2	バルメン	ドイツ	1926.5.18	24.6	
3	ライプチヒ	ドイツ	1926.5.20	24.7	
4	デュッセルドルフ	ドイツ	1926.5.23	29.8	
5	イエナ	ドイツ	1926.7.18	23	
6	ドレスデン	ドイツ	1926.7.24	25	
7	ベルリン	ドイツ	1926.11.27	24.8	
8	マンハイム	ドイツ	1927.3.22	24.5	
9	ニュールンベルグ	ドイツ	1927.4.10	23	
10	ウィーン	オーストリア	1927.5.7	20	
11	ハノーバー	ドイツ	1928.4.29	20	
12	ステュットガルト	ドイツ	1928.5.16	25	
13	ローマ	イタリア	1928.10.28	24.4	
14	モスクワ	ソ連	1929.11.5	25	
15	ハンブルグ	ドイツ	1930.4.15	20.6	
16	シカゴ	米国	1930.5.10	20.6	
17	ストックホルム	スウェーデン	1930.5.15	25	
18	マイランド	ドイツ	1930.5.20	19.6	
19	フィラデルフィア	米国	1933.11.1	20	
20	ハーグ	オランダ	1934.2.20	11.8	I型
21	ロサンゼルス	米国	1935.5.14	22.8	
22	ブリュッセル	ベルギー	1935.6.7	23	
23	ニューヨーク	米国	1935.10.2	23	
24	大阪	日本	1937.3.13	18	
25	パリ	フランス	1937.6.19	23	
26	東京	日本	1938.11.2	20	
27	ピッツバーグ	米国	1939.10.24	20	

Heinz Letsch, *Captured Stars*, VEB Gustav Fischer Verlag, 1959より作成

完全に奪ってしまった（現在は、アトウッド天球儀の歴史的価値が見直されており、修復され、アドラー・プラネタリウムに移設され展示されている）。

フィラデルフィアにはフランクリン協会によるフェル・プラネタリウムが、ロサンゼルスのグリフィス天文台にもプラネタリウムが建設された。グリフィス天文台は、ロサンゼルスを一望できるハリウッドの山頂にある。ハリウッドという場所柄、「理由なき反抗」、「ターミネーター」、「ラ・ラ・ランド」など数々の映画の舞台にもなっている。

ニューヨークのアメリカ自然史博物館には、実業家チャールズ・ヘイデンの寄付によるヘイデン・プラネタリウムが建設された。これらのプラネタリウムは現在も活発な活動を行っている。これらの例のようにツァイスⅡ型はツァイス社製品を代表するベストセラーとなり、世界へ広がった。

プラネタリウムは日本にもやってきた。1937年に東洋初のプラネタリウムとして大阪市立電気科学館に、1938年には東京・有楽町（ゆうらくちょう）にある東日（とうにち）天文館に設置された。プラネタリウムは日本でも大人気となる。

第4章

世界へ広がるプラネタリウム

日本へ伝えられた「星を作る機械」

　ドイツで誕生したプラネタリウムは、ヨーロッパ、アメリカで大評判になった。日本でも早い時期から市民に紹介されている。１９２５年５月に発行された科学雑誌『科学画報』には、「最新発明　星を作る機械　幻燈利用のプラネタリウム」と題された記事が掲載された。記事の始まりはこんな具合だ。

「ここに御覧に入れるのは、例の殺人光線かとおもふと大違い、そんな気味の悪いものではなく、実は今春から独逸（ドイツ）ミユンヘン博物館で一般の観覧に供する新案天球儀でありますす」

『科学画報』以外の科学雑誌でもプラネタリウムは頻繁に紹介され、科学に興味を持つ人々の憧れの装置となった。

　日本の東西で、早い時期からプラネタリウムの導入が検討されていた。

　東京科学博物館（現・国立科学博物館）は、当時日本で唯一の科学系博物館だった。同館は、１８７７年に教育博物館として創立し、大正期には棚橋源太郎（たなはしげんたろう）が館長となり発展さ

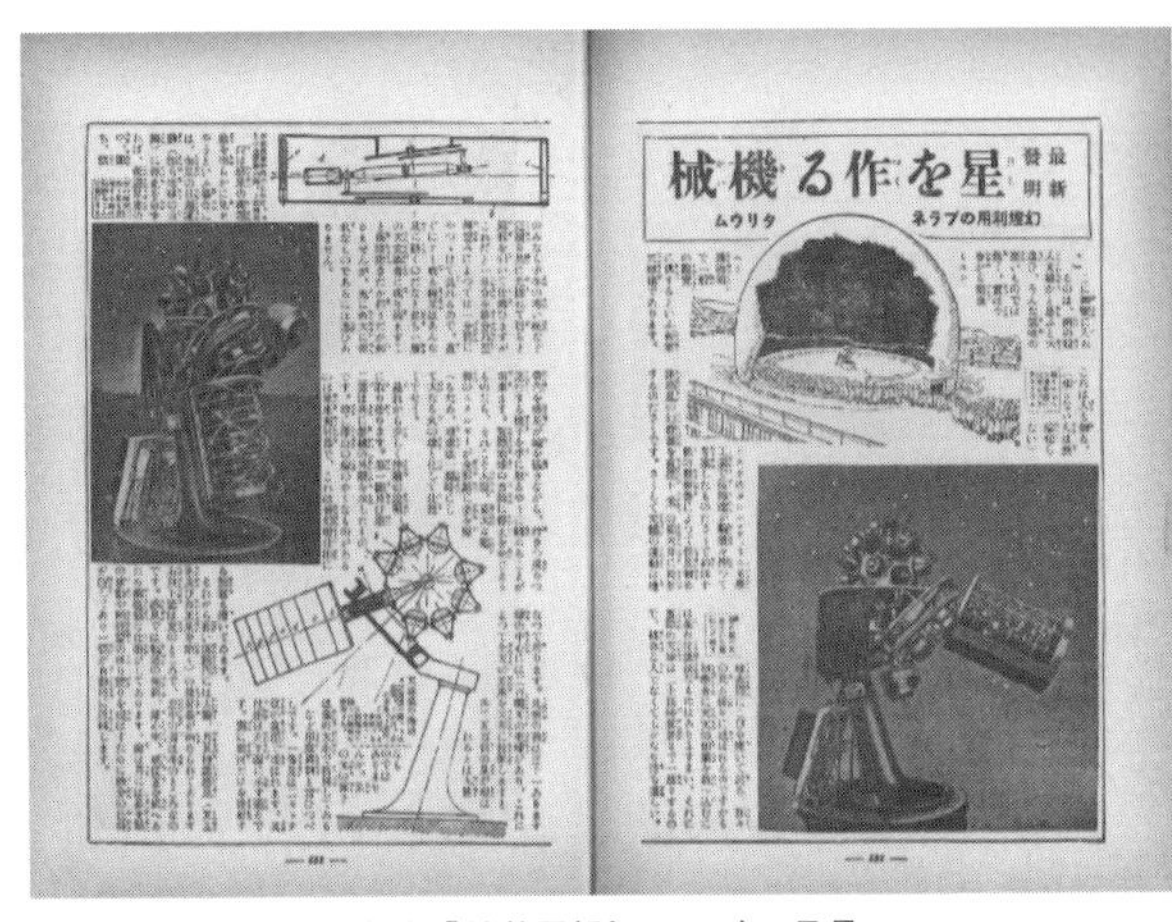

雑誌『科学画報』1925年5月号

せていった。棚橋は、日本で初めて特別展（通俗展覧会）を実施するなど、博物館の創成期に活動の幅を広げる尽力をおこなった人物である。1920年に開催された「時」展覧会は棚橋が手掛けた特別展の代表例だ。この展覧会が契機となり、6月10日が時の記念日として制定されるなど、社会に大きな影響を与えた。同館は1921年に東京博物館と改称され、大正期の通俗教育（社会教育）をけん引する博物館となったが、1923年9月に発生した関東大震災によりほぼ全ての建物と資料が焼失した。この後、上野（うえの）で東京博物館に代わる科学博物館が作られることになった。建設にあたって参考にされたのが、ドイツ博物館など海外の科学博物館だ。棚橋から館長を引き継いだ秋保安治（あきほやすじ）は、陳列するだけでなく体験展示などを有した動的な博物館を目指した。秋保はその一環としてプラネタリウムにも強い関心を持っていた。プラネタリウムが高価だったため実現させることはできなかったが、1931年に東京科学博物館として竣工した新館（現・日本館）には天文台が設置され、屈折式の口径20センチ天体望遠鏡が置かれた。

同じ時期に関西でも大きな動きがあった。中心人物となったのは、京都帝国大学（現・京都大学）の山本一清（やまもといっせい）（1889年―1959年）だ。山本は、大正期から戦前戦後にかけて全国各地で講演し、日本中に天文普及の種を植えていった。1926年には山本の手ほどきで英国製の中古の望遠鏡が岡山県倉敷（くらしき）市に設置され、倉敷天文台が創立された。これは一般市民が天体観測に参加できる、日本で最初の公開天文台だった。倉敷天文台は、後に彗星発見で世界に名をはせる本田實（ほんだみのる）などの人材を育てた。

山本もプラネタリウムに大きな関心を寄せており、1927年に「天文同好会」（現・東亜（とうあ）天文学会）の会誌『天界』にプラネタリウムの紹介記事を発表した。

1931年の科学雑誌『科学知識』には、秋保による東京科学博物館の詳しい紹介が記されており、また同じ号で、山本によるプラネタリウムの詳しい解説と、京都帝国大学への設置への意気込みが述べられている。山本はツァイスI型の2号機を中古の形で輸入することを考えていたようだが、想定以上に高額であったことから購入には至らなかった。

国内東西の一連の動きは、日本にプラネタリウムを設置する機運の醸成につながったといえるだろう。

東洋初のプラネタリウム——大阪市立電気科学館

日本にプラネタリウムが設置される日がやってきた。１９３７年、大阪市立電気科学館（現・大阪市立科学館）にツァイスⅡ型が設置された。日本で最初というだけでなく、東洋初のプラネタリウムとなった。

大阪市立電気科学館は、大阪市電気局によって建設された。大阪市電気局は、１９２３年に家庭や事業所へ電気供給事業を行うために開設された。市民へ電気に関する知識を普及し、電気のある豊かな生活をアピールするため、開設10周年を契機としてショールーム施設を計画した。こうして作られたのが、大阪市立電気科学館である。当初の計画では、大食堂、美容室、大衆浴場、スケートリンクといった娯楽施設の導入が想定されており、プラネタリウムが設置される予定はなかった。プラネタリウムの導入計画は、１９３４年の終わり頃に浮上したとされる。欧米出張に出ていた電気局技師を介してツァイス社から資料が取り寄せられ、局内での議論と調査を経て具体案がまとめられた。電気科学館の歴史に詳しい、大阪市立科学館の嘉数次人（かずつぐと）によると、現存史料がなく、残念ながら局内でのプラネタリウム導入決定プロセスは不明とのことである。

確実なのは、大阪市が山本一清に協力を求めたことである。1935年2月、電気局技師の小畠康郎は京都帝国大学の花山天文台を訪れ、山本にプラネタリウム設置案を伝えた。小畠は事前に連絡することなく山本を突然訪問した。山本は当初よりプラネタリウムに関心を持っていたことから小畠の急な協力依頼に対し、全面的に応じた。ただし、プラネタリウムを導入するといっても、すでに建設が始まっている建物である。大きな設計変更と膨大な追加予算が見込まれた。ツァイスⅡ型一式は46万円であり、これは当時の価格で小学校の校舎が2、3棟建設できるという高額な事業だった。そこでふたりは一計を案じ、「演出」をする。4月2日、各界の有識者約30名が集まり、建設中の電気科学館に関する懇談会が開かれた。電気局の担当者からは、電気科学館のフロア案が説明されたが、この時点でプラネタリウム案に関する話は出されなかった。参加者からの質疑応答、意見交換が行われた最終盤に有識者の1人として出席していた山本が、プラネタリウム導入の提案を行った。導入案そのものは電気局が考え出したもので、山本の発案ではなかったが、山本が私案を披露するというサプライズにより、プラネタリウムの設置合意を得ようとしたのだ。当時のこの演出について、嘉数は次のように指摘する。

「懇談会で山本が提案するという方法を取ったのは、恐らく第一線の天文学者である山本が導入を提唱する方が効果的であると考えたからだと思われます。そして彼の説明は詳細かつ多岐にわたり、プラネタリウムは電気応用の極致であって電気科学館にふさわしいこと、天文教育や航海、軍事面などあらゆる分野で有意義なこと、さらには採算も取れるであろうことにまで言及しています。それを聞いた参加者の多くは山本案に賛同し、当局の導入を期待して散会となったのです」

１９３５年5月に電気局から大阪市会（市議会）に提案されたプラネタリウム購入案は、6月末に可決された。電気局内で具体的な導入計画案が浮上してから半年あまりの間に予算案まで通過するという、驚くべき速さで事が進んだ。その間にも山本は議員への説明などに尽力した。

具体的な導入準備に入る中で、山本と京都帝国大学の副手であった高木公三郎（たかぎきみさぶろう）が電気局の嘱託職員として加わった。高木はドイツのツァイス社に赴き、機械の現地検収や組み立ての様子を学んだほか、ベルリンやモスクワのプラネタリウムを視察した。山本と高木は運用方法を検討し、開館準備を進めた。電気局職員のための解説書も作り、職員3名に専門的な指導を施して、解説と運用スタッフとして養成した。

電気科学館の正式な開館日は１９３７年3月13日である。プラネタリウムの開館記念特別解説は、山本一清が担当した。山本は、日本最初のプラネタリウム解説者ということになる。プラネタリウムの投影は1回につき約50分間行われ、ツァイスⅡ型の機能をフル活用し、当日の星空、月の満ち欠け、太陽の年周運動、季節変化、北極や南半球での星空が再現された。１９３７年9月からは「テーマ解説」という構成が加えられ、投影当日の星空や天体現象が紹介された後、天文や宇宙について、通常10分から20分程度かけて詳しく解説された。このテーマ解説の内容は1ヵ月ごとに替えられた。前半に星空の解説を行い後半にテーマ解説をするという様式は、現在のプラネタリウムでも広く行われている。

「星の劇場」に熱狂した人々

大阪市立電気科学館の開館は、全国各地の天文愛好家を驚かせた。後に電気科学館で解説者を務めた佐伯恒夫（1916年―1996年）もその1人である。佐伯は当時の詳細を「プラネタリウムの憶い出」と題して、大阪市立電気科学館星の友の会会誌『月刊うちゅう』1989年5月号に寄稿している。佐伯は少年時代、『科学画報』に紹介されたプラネタリウムの記事を読み、あこがれを持っていた。

「ドイツから遠く離れた極東の地の日本では、この器械の映し出す神秘な人造の星空を見ることなど、恐らく不可能だろうと、淋しく諦めていたものであった。（中略）あの夢の器械が大阪市に据え付けられるとのニュースを聞き雀躍して喜んだものであった。しかも驚いたことに、昭和12年3月13日の一般公開より6日前の3月7日に、東亜天文学会（当時は天文同好会と称していた）の会員を特別招待して観覧させてくれるとのことで、文字通りの夢の様な話に、当時九州に居た筆者は列車を乗り継いで上阪し、胸を踊らせ乍ら四ツ橋に聳え立つガラスの城とでも言える風変わりな建物の電気科学館を訪れたものである」

　佐伯は見学のようすを次のように記している。

「エレベーターで6階に昇り、天象館と書かれた入口を潜り、プラネタリウム室に入ると、直径18メートルの円形の室の真中に、夢にまで見たあのグロテスクな姿のプラネタリウムが、ドッカと坐り、球形の天井はドーム照明に照らされて真白く輝き、周りの壁面の上部には館の屋上から眺めた大阪市の風景がシルエットとして描き出されていて、何とも言えぬ神秘な光景を現している。やがて山本一清博士の解説で夕日が、夕暮れのメロディーに送られて西の春日出火力発電所の煙突の後ろに沈んで行くと、空は次第に暗くなり、一番星二番星が輝き、ついで西の地平の薄明りが次第に弱まり、遂に消え去ってしまうと大空は真暗くなり、全天に無数の星々が姿を現して燦め（くように思えた）き出すと思わず溜息をつき、ついで無意識に拍手したものである。山本博士の巧みな話術による星空の解説が終りに近づくと、星の涙かと思われる流星がホロリホロリと飛び、ついで東の地平に微かな薄明りが見え始め、それが次第に明るさを増してきて遂に夜明けを迎える。プラネタリウムの、いや実際の星空の、尤も神秘で強く心を打つのは、夜明けの神々しい光景だと云うことを、この時、初めて強く感じたものである」

　この記事から山本一清が、日本で最初のプラネタリウム解説者であったこと、優れた説明と演出を行ったことがわかる。

『科学画報』に紹介された大阪市立電気科学館のツァイスⅡ型

『科学画報』の1937年5月号には、原田三夫（1890年―1977年）による電気科学館の詳細なレポートがある。原田は、戦前戦後に活躍した科学ジャーナリストだ。有島武郎に師事し、東京帝国大学理科大学（現・東京大学理学部）を卒業、科学書を百冊以上執筆するなど科学の普及に尽力した。『科学画報』、『科学知識』、『子供の科学』、『面白い理科』などの科学雑誌も刊行し、それぞれの分野の第一線で活躍する人たちを執筆陣に迎えて、最先端科学を見事に紹介した。また本章ですでに述べたように、『科学画報』では（原田の執筆ではないが）発明間もないプラネタリウムの魅力が伝えられた。佐伯恒夫のように、全国各地で多くの若者がプラネタリウムという最先端の装置のことを知ることができたのは、原田の功績だと筆者は考えている。

日本へ最初にプラネタリウムが導入された際の記事も、『科学画報』によって伝えられた。電気科学館のプラネタリウムは、あこがれの場所となっていった。プラネタリウム投影機には「天象儀」、施設には「星の劇場」という愛称が付けられ、人気を呼んだ。

手塚治虫の愛したプラネタリウム

漫画の神様・手塚治虫（1928年―1989年）は、プラネタリウムの魅力にほれ込んだ少年の1人である。手塚は兵庫県宝塚市に住んでいた。少年時代、友人に誘われて開館間もない電気科学館を訪れ、通い詰めるようになった。手塚は後年、電気科学館星の友の会会誌に寄稿している。「プラネタリウムのホールを囲む廊下の壁には、星団や渦状星雲や、プロミネンスやコロナの写真が並べて飾ってあり、その当時にはそれだけの数の天体写真が一堂にあるというだけで驚異だった」「ホール入口の正面に向って左側にささやかな売店があって、そこに絵はがきやパンフレットと共に一般向けの天文書なども売っていて、ぼくはそこで、原田三夫氏の『子供の天文学』という本を買った。この本こそ、ぼくと同年代のSF作家や絵描きが熱心に愛読したものなのだ。小松左京、筒井康隆、その他数え切れぬ当時の少年達がこの本の豪華な想像画や最新の天体写真に熱中し、ボーデの法則や、島宇宙やダイヤモンド・リングなどの用語を覚えたのだった」

手塚の作品からは膨大な科学の知識を感じられるが、その原点は電気科学館であり、同館の売店で購入した原田三夫の著作であった。原田の科学普及への功績の大きさを物語るエピソードだろう。手塚はプラネタリウムの印象について、次のように記している。

「ホールへはいった時の印象は強烈だった。あの鉄亜鈴（てつあれい）の奇怪な姿は目に焼きついて、後年漫画の仕事の上でも、しばしばイメージを流用させて貰（もら）ったくらいである」「ホールの地平線にあたるところに電気科学館の屋上から360度の市内の展望がシルエットになっていた。解説の人はかならず前説にそれを説明するのだった。そして太陽がうつし出され、市内のシルエットに沈んで行くところから実演がはじまるのだった。その前後に、いつもホールに流れる曲があった。ずっと後になって、それがエルガーの『威風堂々』だと知るまでは、ぼくはてっきりプラネタリウムのための曲だと思い込んでいたのである。この曲がかかるだけで忽（たちま）ち神秘的な宇宙空間的な気分に酔うのだった。視聴覚イメージの効果はおそろしい」

熱心に通った手塚は、最終的に自分自身でプラネタリウムの製作までおこなったという。

だいたいひと月に一回、演題がかわるたびにプラネタリウムへ通った。やがて、装置のしくみがわかってくると、自分でもプラネタリウムをつくれないものかと、大それた考えにとりつかれた。家の石鹼箱に星座図を見ながら火箸（ひばし）でブスブスと穴をあけ、

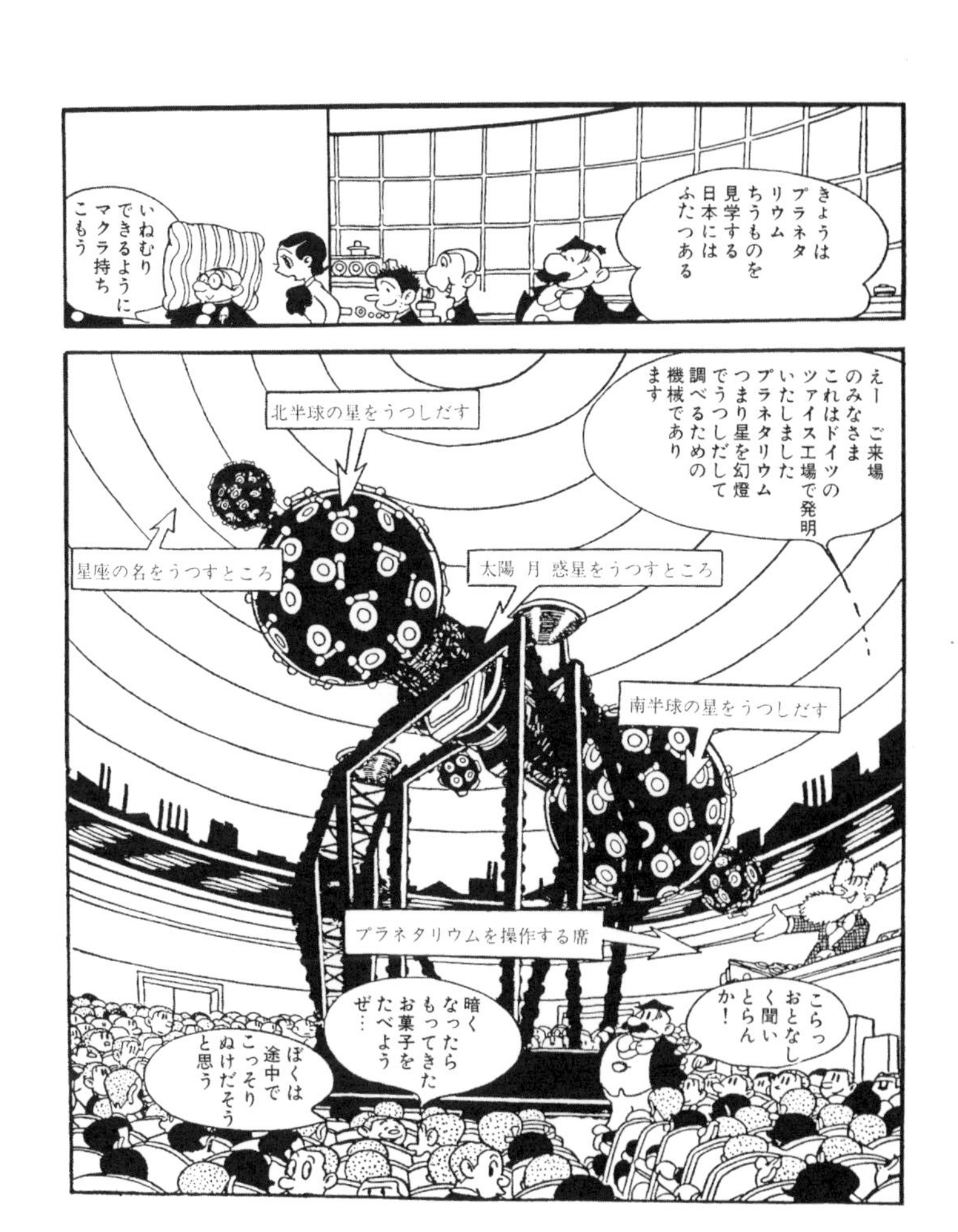

手塚治虫『漫画天文学』（1957年）より　©手塚プロダクション

箱の中に裸電球をさしこんで部屋を暗くし、天井へ穴の光をうつしてみた。四角い箱から四角い天井へうつすのだから、プラネタリウムとはほど遠いものである。だが星はうつった。夜まっくらな中でうつすと、北斗七星やカシオペアやさそり座らしきものが天井や壁にうつし出されたのだ。ところがよく見ると、どれも丸い形をしていなかった。ミミズのようにくねくね曲った像なのだ。どうしてこうなるのかすぐにわかった。電球のコイルがらせん状なのだ。だから同じような形に像を結ぶわけだ。穴の一つ一つにレンズをはめこむなどという細工は、とてもできない。それでもなんとか満足して家の者を部屋へひき込んで、解説つきで見せたのだった。しかし遺憾なことに、ひとしきり解説が終る頃には、弟妹たちは眠りこけてしまうし、おふくろはいらいらと中座して台所へ行ってしまう始末だった。

戦後、電気科学館のプラネタリウムを参考にして、国産のプラネタリウムが誕生したことを考えると、とても興味深いエピソードといえる。

手塚は『漫画天文学』という作品を発表している。これは学習漫画の形式をとった作品だ。少年期に読んだ原田三夫の科学本を漫画で表現しているように見える。『漫画天文学』はプラネタリウムの説明から始まる。そして、話の終わりは、自分でプラネタリウムを作ろうとするが、家族にトレーニング用鉄アレイと勘違いされて理解してもらえないというオチである。手塚の原体験が色濃く表現されており興味深い。

帝都の新名所——東日天文館

1937年に大阪で日本初のプラネタリウムが運用開始され、大人気となった。しかし当時はまだ、東京と大阪の移動には特急列車を使っても8時間以上かかる時代である。わざわざ見学に行くことができなかった。東京に待望となるプラネタリウムが開館したのは1938年11月3日のことであった。有楽町にあった東京日日新聞社（現在の毎日新聞社）の社屋である東日会館の6階に、東日天文館と呼ばれるプラネタリウムのホールが設置され、大阪と同じツァイスⅡ型が置かれた。

東日天文館の開館前日に開館披露があった。時代が戦争の雰囲気で満ちる中、開館を伝える号外新聞には、この文化的事業が無駄なものではなく、国にとって必要であることが注意深くアピールされた。東日天文館は、「帝都の新名所」として人気を博した。

解説者の1人は、東京科学博物館の鈴木敬信（1905年—1993年）だった。鈴木は東京帝国大学天文学科を卒業後、東京科学博物館で働いた。戦後は東京学芸大学で天文学の教授を務め、学生からは厳しい教官として恐れられた。鈴木は腕力に自信があり、自宅に侵入した強盗を取り押さえたというエピソードを持っている。鈴木は文章を書く速度

東日天文館のプラネタリウム

がとても速く、数多くの天文普及書を残している。東日天文館において、鈴木はプラネタリウムの解説指導をおこなった。開館翌年のパンフレットには野尻抱影（1885年―1977年）の文章が掲載された。野尻は星の文人である。英文学の翻訳者として活躍した。1926年、始まったばかりのラジオで星の人気を呼んだ。野尻はラジオを通じて各地に伝わる星の呼び名「星の和名」の報告を呼びかけた。これが大きな反響を呼び日本の人々にも、星に親しむ文化があったことが明らかになった。星の和名の研究は戦後、書籍にまとめられ、石橋正、桑原昭二、北尾浩一らによって引き継がれていった。野尻は、日曜日には小学生向きの講話を手掛けた。「我々は花を愛でるのに自由である如く、天上の花々である星々を賞するのにまた何の遠慮もいらぬはずです」といった調子で、科学としての天文学だけでなく、ギリシャ神話や日本独自の星の名前など、幅広い星の文化を伝えて人気を呼んだ。野尻が東日天文館と関わるようになると、鈴木は「爺さんが来て、やりにくくなった」とぼやいたという。天文学と文学的要素を混ぜた野尻のスタイルは、日本のプラネタリウムに大きな影響を与えた。

東日天文館がどういう目的で設立されたのかあまり詳しくわかっていないが、東京日日新聞社の前田久吉（まえだひさきち）が深くかかわっているようである。東京日日新聞は、1943年に毎日新聞に紙名変更した。それに伴い、東日天文館は毎日（まいにち）天文館となった。東日天文館の名称が広くなじんでいたために、パンフレットには「東日天文館改め毎日天文館」と表記された。

東日天文館は、当時の人々に強い印象を与えた。東日天文館に影響を受け、戦後に天文普及で活躍した人も多い。戦後の日本の天文普及で指導的な役割を果たした村山定男（むらやまさだお）（1924年—2013年）は、その1人だ。村山は、開館記念投影を見学し、プラネタリウムの想像をはるかに超える迫力にとりこになったという。河原郁夫（かわはらいくお）（1930年—2021年）は、1940年の夏、小学校4年生の時に父親に連れられて東日天文館を見学した時の衝撃と感動が原点となって、プラネタリウムと共に人生を送った。戦後、金子（かねこ）式プラネタリウムを作り全国に販売した金子功（いさお）（1918年—2009年）は、勤務先が毎日会館（東日会館からの改称）にあったため、暇をみつけてはプラネタリウムを見学した。その感動が後のプラネタリウム製作に繋（つな）がった。

このように人気を呼んだ天文館だが、実動期間は非常に短かった。1945年5月に空襲を受け、ツァイスII型は焼失してしまったのだ。この様子を、航海士で天文愛好家として星の和名調査を行ったことで知られる石橋正は後年、著書『星の海を航く』で次のように記述している。

「昭和二十年五月、東京駅が空爆された時、不思議にもこのプラネタリウムのあった頂上階だけが全焼してしまったのである。この空爆にはエレクトロン焼夷弾が使われ、青白い焔が激しく上がったのを、私は越中島の兵舎から眺めていた」

東日天文館は、わずか6年半の歴史を終えた。しかしその星空は人々の心に残り、やがて戦後に受け継がれていった。

焼け野原に灯ったプラネタリウム

大阪市立電気科学館も戦争の影響を大きく受けた。もともと電気科学館の建物には遠方を見る陸軍の設備があった。

大阪市立電気科学館では、高木公三郎が開館後の早い段階で電気科学館から離れ、代わりに京都帝国大学花山天文台の高城武夫が移籍し、天文部主任となった。開館時より勤めていた原口氏雄は１９４１年に軍隊へ召集された。その後職員が入ってもすぐに軍に召集されるということが繰り返された。

先のエピソードに登場した佐伯恒夫は、１９４１年から電気科学館で働き始めた。佐伯は京都帝国大学に入学し、高城の後輩として花山天文台で学んだ。特に火星の観測で世界的に名をはせた。佐伯は民間企業で働いていたが、先輩の高城を訪ねてぶらりと電気科学館に立ち寄ったことが転機となった。佐伯は高城から人員が徹底的に不足しているという事情を聞かされた。高城は佐伯を熱心に誘った。火星観測用に館にある25センチ反射望遠鏡を自由に使って良いという口説き文句にも心を動かされ、佐伯は電気科学館で働くことを決意した。佐伯と高城は、暗い世相に少しでも夢のあるロマンティックなテーマを提供できるよう工夫した。しかし戦況は厳しくなる一方だった。

１９４３年、原口が帰ってきた。原口は出征中、野尻抱影の勧めで南方の戦線における天文の体験をまとめ、『星と兵隊』を出版した。同書には、戦争の過酷さと星のロマンが共存している。航海と星、南十字星、仲間の死、戦友からの素朴な天文の質問、白昼の金星を米軍が敵機と勘違いして砲撃する様子を目撃したことなどの体験談を通じて、天文知識を学ぶことができる構成になっていた。本書は戦争に役立つ天文学が強調されているが、美しい星の描写をみると原口の複雑な心境が想像できる。以降も戦況は悪化し、１９４４年には、佐伯もついに軍に召集された。１９４５年3月には大阪大空襲により、屋上の望遠鏡設備が被災した。建物は無事だったが、同年6月以降、投影は休止された。

周囲が焼け野原となる中、電気科学館は奇跡的に焼失を免れ、戦後は開店休業のような状態を続けていた。そこに佐伯が帰ってきた。佐伯は希望者にプラネタリウムを無料で見学させた。大阪のプラネタリウムが健在であることを示すため、海外の観測家や学会に送る手紙、報道関係に連絡するときは、館の名称をElectric Science Museum（電気科学館）ではなくOSAKA PLANETARIUMの名で記した。すると、反応よく進駐軍関係者の若者の来館が増え、1年後には海外からの問い合わせや、種々の印刷物が送られてくるようになったという。

国内に向けては、貴重なプラネタリウムが無事であることをアピールするため、娯楽施設が全滅し、一般市民が娯楽に飢えていることに着目し、1946年2月より「星と映画の会」を開始した。約20分間のプラネタリウム投影と、配給された映画の上映を、毎日4〜5回行った。これが大好評になり、来館者が急増し、度々、超満員になった。手塚治虫も映画を楽しんだ。手塚は前述の寄稿に次のように書いている。

「戦後、大学生になったぼくは、ふたたびプラネタリウムへ通いはじめた。これは、ホールが一時アメリカ映画の上映をしていたから観に行ったので、正直なところプラネタリウムが目的ではなかった。ドームの一方の壁に映画を映して観せ、それが終ったあとプラネタリウム映写、の二本立てなのである。従って、ついでにプラネタリウムも観てしまう。映画が一週間替わりだから、おなじ演題のプラネタリウムをひと月に何回も観るはめになる。おしまいには居眠りをしてしまうのであった」

大阪の街に再開する映画館が増えたこと、各地からの修学旅行の団体が増加してきたことから、１９４７年5月末で「星と映画の会」は打切られ、従来のプラネタリウムのみの運営に戻った。

電気科学館が登場した映画作品がある。明治から昭和にわたり波瀾の人生を歩んだ男を描く、人気作家、織田作之助による「わが町」だ。主人公「他あやん（佐渡島他吉）」を辰巳柳太郎、妻と孫娘の一人二役を南田洋子が演じた。主人公はラストシーンで、電気科学館のプラネタリウムで南十字星を眺めながら夢見るように天に召される。電気科学館と南十字星は、戦争体験とともに深く結びついたのだろう。

プラネタリウム界のフォード——米国スピッツ社

第二次世界大戦の影響で、ドイツのツァイス社はプラネタリウムを製造できなくなっており、この状況は戦後しばらく続いた。そのため米国では、戦前よりプラネタリウムを自国で作る動きが進んでいた。

１９３７年、マサチューセッツ州スプリングフィールドの科学博物館に、直径10・4メートルのプラネタリウムが建設された。ここで用いられた投影機は、博物館で技術者をしていたフランク・コルコス（１９０２年—１９８７年）とその兄弟のジョン・コルコスが製作したものだ。これはツァイス型とは異なり、中央に７０００個の星を映し出せる恒星投影機が配置され、惑星棚は外側に取り付けられる構造である。惑星投影機構にはギアがなく、あらかじめ惑星の位置をセットするプリセットタイプだ。プリセットタイプは、後に簡易的な小型機で多く採用されるようになる方法で、安価なプラネタリウムを作ることを可能にした。コルコス兄弟はまた、ボストン科学博物館の依頼で別のプラネタリウムも製作し１９５８年に公開している。これは、７・５等星までの恒星の明るさを再現できる恒星投影機を南北の天空投影箇所それぞれに5個ずつ、合計10個設け、太陽・月・水星〜天王星を投影できるというユニークな構造をしたもので、約18メートルのプラネタリウムドームに対応する大型のものであった。

コルコス兄弟のプラネタリウム

１９４４年にはカリフォルニア科学アカデミーで、プラネタリウムを設置しようという動きが起こった。当時、米国内には6機のツァイス社製プラネタリウムがあったが、アカデミーのあった北部カリフォルニア周辺地域にはなかった。この計画は大きな反響を呼んだ。しかしツァイス社のプラネタリウムは高額である。スポンサーであるアレクサンダ

カリフォルニア科学アカデミーのプラネタリウム

ー・モリソンの基金から資金が提供され、多くの寄付も集まったものの予算に達せず、さらにツァイス社からの納期の見通しも立たない状況だった。そこで、アカデミーの学芸員たちは自らプラネタリウムを開発することにした。各学芸員の専門はまちまちだったが、アカデミーでは戦中より軍の光学機器の製造が行われていたため、光学の技術に関しては精通していた。製作にあたり、パロマー山天文台、海軍造船所、空軍、サンフランシスコ周辺の企業からも資金提供を受けることができ、最終的に約4年の歳月をかけて直径19・8メートル、310席のプラネタリウムが作られ、1952年に完成した。

開発されたプラネタリウムの最大の特徴は、南北の恒星球が中央に集まり、惑星棚が両側に突き出た独特の形をしていることだ。この形状は、アカデミー型、あるいはモリソン型と呼ばれている。ツァイスII型のようなダンベル状ではなく串団子のような形状だ。恒星投影球が中央にあるためにバランスがとりやすい。星空分割はツァイスと同じ32分割で、750Wの電球が入り、5・8等星までの3800個の恒星が投影できた。惑星間を連結するための共通軸を恒星球の中に通すことができないため、南北の惑星棚は電気信号で同期した。画期的だったのは、この電気を用いた同期を各所で行い、音声を再生する装置(テープレコーダー)と合わせて、自動演出機構が用意されたことだ。さらに様々な場面でIBMのコンピューターが使用されるなど、多くの技術的な発展が盛り込まれた。

米国では、安価で、量産可能なプラネタリウムも開発・生産された。アーマンド・スピッツ(1904年—1971年)は、簡易なプラネタリウムを開発し、普及させることに成功した。スピッツは新聞記者だったが、自身が購入した新聞社が破産したことがきっかけで、フランスへ旅行に出かけた。大西洋航海の途中で天文学に興味を持つようになり、やがて大学で天文学を教える程になった。ラジオ番組を作ったり、書籍を執筆したりして天文学の普及に努めたほか、スプリングフィールド科学博物館でコルコス兄弟のプラネタリウムを使ってボランティア解説をしたりした。

このような経験からスピッツは学校教育におけるプラネタリウムの有用性に注目するようになり、安価で量産可能なプラネタリウム作りに取り組んだ。1940年代半ば、自作のプラネタリウムをハーバード大学天文台で披露した。スピッツの製作したプラネタリウムは、レンズはついていない、いわゆるピンホール式と呼ばれるプラネタリウムである。各面が正五角形の正十二面体の投影機で、恒星に対応した小さな穴が開いており、中央の光源から出た光がドームに投影され、星が映るものだった。日周運動のみを行うシンプルな機械だが、直径3・5メートルドームに投影でき、好評だった。スピッツ製プラネタリウムの第1号機はスピッツA型（ModelA）とよばれ、第二次世界大戦後の1947年にイースタン・メノナイト・カレッジに納品された。

スピッツはスピッツA型の量産を開始した。

スピッツ・プラネタリウム

改良を加え、シャープで明るい恒星像を投影できるよう23個の明るい星にはピンホールの上にレンズを置き、さらに惑星投影機を加えた。事前に惑星の位置をセットするプリセット方式を取り、複雑な惑星の運動は再現できないものの、投影当日の夜の惑星の位置は表現できた。スピッツA型で500ドルとプラネタリウムとしては安価だったため、学校、図書館、博物館、クラブ活動、家庭など多方面に良く売れた。スピッツA型のヒットの背景には、1957年のソ連による人工衛星スプートニクの打ち上げに端を発する、人々の宇宙への関心の高まりがあった。米国では、科学教育に振興策が打ち出され、膨大な予算が付けられた。日本では、当時まだ大阪にしかプラネタリウムがなかった1951年に、生駒山(いこまやま)天文博物館へ納入され、長蛇の列ができたという。

スピッツA型のバリエーションで最上位機種はA3P型だった。A3P型は恒星投影機が球形となり、5等星まで投影できた。71個の明るい星はレンズを通して映され、星像がかなり美しくなった。また、アンドロメダ銀河、ヒアデス星団、そしてプレアデス星団がレンズで投影された。スピッツ社は1950年代には大型プラネタリウムの製造に挑戦し、スピッツB型(ModelB)を完成させた。B型は徹底的な軽量化が図られており、明るい54個の星の投影にはレンズを使ったが、それ以外の3000個の星はピンホールで投影され、投影機は東西の壁からワイヤーで吊るされた。総重量は500キログラムで、ツァイスⅡ型の2トンに対し、4分の1程度という軽量なものだった。

アーマンド・スピッツは1971年に亡くなったが、スピッツの精神は後進へと引き継がれた。スピッツ社は1970年代にスペースシアター型(第6章参照)のプラネタリウム開発に取り組むなど、安価で先進的なプラネタリウム作りにチャレンジしていった。スピッツ社は、米国のフォードが大衆車を大量生産したことになぞらえて、プラネタリウムのフォードと呼ばれている。

ドイツの戦後と2つのツァイス社

ドイツでは第二次世界大戦中、プラネタリウムの新設が完全にストップしていた。戦争によって破壊されたプラネタリウムも多い。ツァイス社のあったイエナも空襲に遭い、工場の一部が破壊された。ドイツ博物館のツァイスI型は疎開し難を逃れたものの、コペルニクス型プラネタリウムは空襲により失われた。

第二次世界大戦後にドイツは東西に分断された。その影響は、ツァイス社を直撃した。米軍は2週間イエナを占領し、米国とソ連の間で占領の入れ替えが行われる前にツァイス社の首脳陣を西ドイツのオーバーコッヘンに移動させた。ツァイス社を分断するという決定にバウワースフェルトは「頭脳と体を切り離すようなものだ」と反発した。米軍の担当者は「そうだ、我々は頭脳を連れて行くのだ。(Yes, we take brain)」と答えたという。「頭脳」のリストの中にはすでに亡くなっていたシュトラウベルの名前もあった。非常に混乱し、乱暴な状況だった。

大量の図面も同時に運ばれたが、行方不明になってしまった。多くの苦難の末、バウワースフェルトらは、オーバーコッヘンに新生のツァイス社を興した。もともと工場があったイエナは東ドイツに組み込まれた。結果、西ドイツのツァイス社と東ドイツのツァイスイエナ社という2つのツァイス社が存在することになった（併存はベルリンの壁が崩壊しドイツが統一される1990年まで続いた）。ツァイス社は東西それぞれでプラネタリウムを生産することになった。

バウワースフェルトらのいる西ドイツのツァイス社は、小さな町オーバーコッヘンにて再興したものの、技術者が不足し、プラネタリウムの生産はなかなか進まなかった。そこで、戦前にすでに製作されていたツァイスⅡ型の機体を再利用し、手を加えたツァイスⅢ型を製作した。Ⅲ型は、1957年にブラジル・サンパウロに南半球最初のプラネタリウムとして、続いて1960年には南アフリカのヨハネスブルグに納入された。米国アドラー・プラネタリウムのツァイスⅡ型は1959年から1961年にかけて、ツァイスⅢ型に改造された（現在はバトンルージュに展示されている）。ツァイスⅢ型はⅡ型の部品を取り換えただけのものであり、少数のみ製造された。

西ドイツ・ツァイス社において、ツァイスⅡ型の実質的な後継機として位置付けられているのはツァイスⅣ型である。ツァイスⅣ型の初号機は1957年に、日本の五島プラネタリウムへ納入された。その後、1962年に市立名古屋（なごや）科学館にも納入された。名古屋のツァイスⅣ型は脚部の形状がスマートになるなど、同じⅣ型でありながら改良の跡が見られる。

1965年にはツァイスⅤ型が開発され、1967年に米国・ジョージア州アトランタに納入された。1968年に開発されたツァイスⅥ型には、駆動系に大きな変更が施された。架台回転が追加され、地球以外から見た天体の動きが表現できるようになったほか、精度向上も図られ、惑星位置の再現ではバウワースフェルトが開発した機構の8分の1以下の高精度が達成された。Ⅵ型の改良版であるⅥA型では、ミニコンピューターを用いた全自動演出が可能となった。解説者が投影中に行う操作を記憶する「倣い方式」も備えられた。

東ドイツのツァイスイエナ社では、イエナに残った技術者たちを中心として開発・製造を続けていた。まず生産されたのは小型の投影機ZKP-1である。ZKP-1は1952年から開発が始まり、1954年に発表された。ZKP-1の恒星球は、ツァイスⅡ型の大きな恒星球にちょこんと載っていた小さな球体「星座名投影機」を応用したものである。緯度は固定され、惑星はプリセットする簡易なものだった。直径6~8メートルの小型ドームに対応し、扱いやすくシャープで美しい星を映し出せたことから、好評を博した。1977年までの間に257台が製造されるベストセラーとなり、世界各地に納入されていった。日本では、1958年に岐阜プラネタリウム(~1984年)、1963年に旭川市青少年科学館(~2005年)に設置された。

東ドイツのツァイスイエナ社は、ツァイスⅡ型の後継機として、UPP23シリーズを開発した。UPPとはUniversal Planetarium Projectorの頭文字で、「23」は直径23メートルまでのドームに対応することを意味する。／以降の数字は開発の番号だ。最初の大型機となるＵＰＰ23／１ｓは、東ドイツからソ連への「友情と協調」のしるしとして、スターリングラード（現・ボルゴグラード）に寄付された。同都市はこのプラネタリウムを設置した科学館を１９５４年に開館している。続いて１９５７年、中国最初のプラネタリウムを導入した北京天文館にＵＰＰ23／２が、１９６０年には明石(あかし)市立天文科学館にＵＰＰ23／３が納められた。

東ドイツのツァイスイエナ社製のプラネタリウムは、製造時期によって次の世代に系統を分けることができる。

・第１世代　ツァイスⅡ型
・第２世代　戦後モデル　ＵＰＰ23／１ｓ〜23／５
・第３世代　１９６７年〜１９７５年　ＵＰＰ23／６〜23／８
・第４世代　１９８４年モデル（ＺＧＰコスモラマ）

戦前に作られたツァイスⅡ型を第１世代として、戦後に開発されたＵＰＰ23／５までのシリーズは第２世代と呼ばれる。第２世代の特徴は、Ⅱ型の基本構造を維持したまま、細部が改良され、アクセサリーが付属したことだ。第３世代の特徴は、架台の回転機構が追加されたことだ。この機構はツァイスⅥ型と同じく、歳差軸と組み合わせることで、月面上での星の動き（月の自転に伴う日周運動）を再現することを可能にしたものだ。ＵＰＰ

23／6型は、カナダ・トロントの王立オンタリオ博物館のマクローフリン・プラネタリウムなどへ7台納入された。UPP23／7型は、カナダ・バンクーバーのマクミラン・プラネタリウムに納入された。UPP23／8型は、モスクワに納入された。第4世代は、ZGP、通称コスモラマと呼ばれ、当時発達しつつあったコンピューターと結び付けた自動演出装置が内蔵され、投影内容がより充実した。

人工衛星が地球を周回し、月に人類が降り立つという「宇宙時代」の到来に合わせて、東西のツァイス社は復活し、プラネタリウムの機構を発展させていった。

宇宙はクジラより大きい——天文博物館五島プラネタリウム

第二次世界大戦により日本は大きなダメージを受けた。しかし、戦前に培われた文化への希望は、戦後の復興において大きな推進力となった。プラネタリウムもその例だった。

1957年、渋谷に天文博物館五島プラネタリウムが開館した。

戦後の東京は、有楽町の東日天文館が焼失したことで、長くプラネタリウムがない状態が続いていた。東日天文館を懐かしむ声は多かった。1946年に発行された雑誌『ホープ』に書かれた小説には、東日天文館が登場し、焼け野原になった東京で恋人と見たプラネタリウムを回想する場面が描かれている。プラネタリウムをまだ見たことがない若者たちは憧れを抱き、「東京にプラネタリウムを復活させたい」という思いは、多くの人々の悲願となっていた。

東京一帯は焼け野原だった。１９５０年代から戦後復興が進んだ。その中で渋谷の復興はやや遅れていた。渋谷駅は、山手線、玉川電鉄、京王、京王井の頭線、地下鉄浅草線、東急東横線が集結する巨大ターミナルだ。忠犬ハチ公像という名所はあったが、当時の渋谷は、賑わいの中心地だった銀座と比べれば全体的に地味で、現在では想像もできないほど静かな街だった。

ここに１人の人物が登場する。五島慶太（１８８２年―１９５９年）だ。五島は東急の礎を作った。強引な買収手法から、強盗慶太と呼ばれた一面もあったが、戦前より渋谷を銀座に負けない街にしたいと考えていた。五島は、渋谷に他にはない文化施設を作ることを構想した。その一つが、東急文化会館だ。ところが建設が１９５５年に着工するも、映画館以外の中身が決まっていなかった。「映画館だけで文化施設と呼べるのか」という世間の声も聞こえた。五島はこの状況にしびれを切らし、「文化会館の屋上に水族館を作ってクジラを泳がせろ、こどもたちがよろこぶぞ！」と言った。社員たちは戸惑った。クジラを泳がせるためには、巨大水槽を置く強度を持つ建築が必要だ。海の水を運ぶ必要もある。いずれも当時は不可能なことだった。

東急文化会館の建設開始のニュースに、天文関係者は敏感に反応した。これより前、国

五島プラネタリウムのツァイスⅣ型

立科学博物館（東京科学博物館より改称）の朝比奈貞一と岡田要が中心となり、１９５３年に東京プラネタリウム設立促進懇話会が立ち上げられていた。同会は東急文化会館にプラネタリウム設置を希望する手紙を作成した。日本学術会議会長の茅誠司、東京天文台長の萩原雄佑もこれに賛同した。プラネタリウム設置を願う手紙は１９５５年9月６日に五島の元へ届いた。手紙には「宇宙はクジラより大きい。これからのこどもたちの科学教育に欠かせない、必要な施設になるだろう」という趣旨が綴られていた。これが五島の心をつかんだ。五島は「宇宙には大きくて広大な夢がある。クジラなどと言っていた自分はまだまだ小さいなぁ」と語ったという。手紙到着からわずか１か月後の10月10日にはプラネタリウム導入が決定した。建築の設計は見直され、直径20メートル、高さ14メートルの、当時国内最大となるプラネタリウムドームが作られることとなった。

東急文化会館のプラネタリウムは、国立科学博物館や東京天文台の全面的な協力を受け、東日天文館の雰囲気を多く取り入れて建設された。特に活躍したのが、村山定男である。村山は東日天文館の開館式典に参加して以降も、天文への情熱を持ち続け、国立科学博物館で天文分野を担当する職に就いていた。村山は、国立科学博物館の岡田館長の命令で、展示物やパンフレット、設備の配置など、東急文化会館に設置される新しいプラネタリウムの運用に必要となる多くの準備を担った。

投影機は、西ドイツのツァイス社から、ツァイスⅣ型の第1号機が購入された。ツァイスⅣ型は、基本的にⅡ型を継承した構造だ。恒星球についた襟巻のような部分に1等星を別投影機として付属させている。改良点は、輝星投影機と呼ばれる機構だ。投影のスタイルは、一晩のうちに見える星空をライブで解説し、日の出と日の入りのタイミングでクラシック音楽を流した。これらは東日天文館の方法を受け継いだものだ。

社会教育施設としてふさわしい運営組織とするために、東急電鉄の直営ではなく、財団法人が立ち上げられた。五島慶太は、建てたプラネタリウムを丸ごと財団に寄付した形になる。これらの貢献に対し、五島の名が冠せられ、天文博物館五島プラネタリウム（以下、五島プラネタリウム）となった。海外では寄付者の名前を付けることに倣ったものだが、五島は自分の名がつくことを恥ずかしがったという。五島の意外な一面である。

五島プラネタリウムは1957年4月1日に開館した。料金は大人100円、子ども50円で、初回は「春の星座と日食」というテーマが設けられた。開館後は連日、満席が続き、開場前には建物の入り口から階段下の道路まで長蛇の列ができた。初年度の入館者は約74万人という驚異的なものになった。五島プラネタリウムはハチ公と並ぶ渋谷の名物となった。東急文化会館屋上の銀色ドームは、渋谷の賑わいの象徴となった。野尻抱影は、顧問のような形で加わった。水野良平、大谷豊和、小林悦子らが解説を担当した。水野良平の軽妙な語り口にファンがついた。同館で定期的に開催された天文講座には多くの天文愛好家が訪れ、星の会の参加者が交流を深めるなど、五島プラネタリウムは東京を中心として天文普及の総本山となった。

世界で最も美しいプラネタリウム——明石市立天文科学館

1960年、兵庫県明石市では、明石市立天文科学館が開館し、東ドイツのツァイスイエナ社が製造したUPP23/3が設置された。明石の天文の歴史は19世紀にさかのぼる。1886年、東経135度子午線上の時刻が日本の標準時として制定された。明石の人々は、偶然の出会いを大事にし、1910年に子午線の位置を示す標識を建立した。しかしその後、地図の改定で位置がズレたため、1928年と1951年の2度、京都（帝国）大学の協力により天体観測が行われ、正確な子午線位置が決定された。一連の事業の中で、天文科学館を作る構想が生まれた。関係者らは国立の施設を陳情したが実現せず、明石市立天文科学館が建設されることになった。天文科学館は、明石市民の人々の「子午線への熱い想い」が形になったものである。人々の天文・宇宙への関心が高まっていたことも追い風となった。建物は京都大学建築学教室の棚橋諒がデザインした。子午線標識を兼ねた時計塔とプラネタリウムドームを組み合わせ、「時と宇宙の博物館」が見事に表現された。

1959年7月、ツァイスイエナ社製のUPP23／3を導入することが市議会で決議された。翌年1月、プラネタリウム機器一式が神戸港に到着し、3月より、ツァイスイエナ社から派遣されたドイツ人技師2名がおよそ2ヵ月をかけて組み立て作業を行った。

1960年6月10日（時の記念日）より、明石市立天文科学館の一般公開が始まった。

当時、ツァイスの大型プラネタリウムは、大阪（市立電気科学館）と東京（渋谷の天文博物館五島プラネタリウム）のみで、地方の小都市である明石市が、立派な施設を作り、世界最高性能のプラネタリウムを導入したということは画期的で、英断だった。

ドイツと東アジアの交易に詳しい東京大学名誉教授の工藤章の調査によると、投影機の完成点検のために来日したツァイスイエナ社の技術者は、次のように報告している。

「明石の施設全体は、建築上は外面・内面ともきわめて良好かつ巧妙に建設された。明石は世界で最も美しいプラネタリウムを持つと言っても過言ではない。加えて、すばらしい環境もこの評価に貢献している。この面からもこのプラネタリウムは成功とみなされよう」

明石市立天文科学館は開館以降、アポロ11号月着陸、ハレー彗星など時期ごとに宇宙ブームの受け皿となり、人気を博した。開館の初期に解説者として活躍した学芸員の河野健三、菅野松男、高山節子、西海洋一、和澤洋子らを中心に、長らく地元の天文愛好家たちから慕われ、地域の天文文化の活性化に大きく寄与した。UPP23／3は、日本に設置された唯一の東ドイツ製大型プラネタリウムで２０２３年現在もプラネタリウムは稼働中で、国内だけでなく、アジアでも現役ナンバーワンである。

明石市立天文科学館で組み立てられるUPP23/3

市民が日常的に感じる星の魅力
——名古屋市科学館

名古屋では、１９６２年、名古屋市科学館に西ドイツのツァイス社製プラネタリウム、ツァイスⅣ型が設置された。

名古屋のプラネタリウムの歴史は、市の東部にある東山動物園から始まる。1950年に「子供の天国名古屋博覧会」が開催された際、そのパビリオンとして天文館が作られ、1951年に口径15センチの屈折望遠鏡が設置された（鏡筒は名古屋市科学館に現存）。同館は東山天文台とよばれるようになり、当時25歳の山田博が館長として就任した。山田はアマチュア天文家として名を知られてはいたものの、天文学の専門教育を受けたわけではなかった。突然の白羽の矢に山田は戸惑いを覚えつつ、腹をくくって天文学の猛勉強を始めた。独学で洋書からの情報収集も重ねながら、望遠鏡の設置など詳細な知識を得た。山田の苦労の甲斐あり、東山天文台は人々から親しまれる存在となり、名古屋に天文文化の産声が上がった。

東山天文台では、早い時期からプラネタリウムの設置が試みられた。1953年、金子式プラネタリウムの1号機が貸し出された。簡易なものではありながら、当時はまだプラネタリウムが珍しく、人々からの好評を得た。

その頃、名古屋市では科学館を建設し、プラネタリウムを設置する計画が生まれた。東山天文台での経験を評価され、山田博はプラネタリウム事業計画の担当に任命された。検討の結果、西ドイツのツァイスⅣ型を導入することが決定した。開館にあたり、プラネタリウムの担当として、山田博を筆頭に、アマチュア天文家で交通局より異動してきた平沢康男、岐阜プラネタリウム経験者の永田宣男（ながたのぶお）、理科教師の滝本正二、科学雑誌編集者の山（やま）

田卓という個性あふれるメンバーが集まった。

1962年11月3日、市立名古屋科学館が開館した（名古屋市科学館に改称したのは1989年）。特に山田卓の活動は名古屋市科学館に大きな足跡を残した。幼児投影から大人向けイベントまで様々なスタイルの投影を先駆的に行っていった。さらに天文クラブの運営や、天文指導者の育成とその活用による大規模な市民観望会の定例化などでも多くの市民を星の魅力に取り込んでいった。プラネタリウムの世界において実際の解説や著書などを通じてその影響を受けた者は多い。

名古屋市科学館で長くプラネタリウムの解説者を務めた元天文主幹の北原政子はいう。

名古屋市科学館のツァイスⅣ型

「山田先生の天文教育界に及ぼした影響は、計りしれませんが、その業績は科学館の中にたくさん息づいています。今では当たり前になっている話し言葉による解説。それまで講演口調だったプラネタリウムの解説を、親しみのある、わかりやすい対話形式の生解説に定着させたのは先生です」。

名古屋市科学館は、多くの市民がプラネタリウムをごく日常的に経験する場となり、多くのリピーターを生み出していった。その結果、今では日本トップクラスの入館者数を保持するプラネタリウムである。

地方で活躍した小型プラネタリウム――岐阜と旭川

１９５８年、岐阜県岐阜市では、金華山の南西にある水道山の山頂に、岐阜プラネタリウムが誕生した。導入されたプラネタリウムは東ドイツのツァイスイエナ社が製造したＺＫＰ－１である。プラネタリウムドームの直径は８メートルで、定員は１００名とされた。開館当初にはテーマが月２回更新され、解説はテープレコーダーで流されたという。地元の岐阜天文協会からの協力もあり、ここでは天体写真やガリレオの望遠鏡の模型、笠松隕石の模型などの展示も行われた（岐阜プラネタリウムは１９８４年まで開館した。ＺＫＰ－１は２０２３年現在、岐阜市科学館に展示されている）。

北海道では、１９４８年に礼文島で観測された金環皆既日食を契機として、旭川天文研究会が発足した。会の発起人の一人である堂本義雄は、１９５０年に旭川市常磐公園で開催された北海道開発大博覧会に天文台を設置するよう奔走し、15cm屈折望遠鏡を持つ天文台を実現した。同時に、和歌山県の桐蔭高校が製作したピンホール式プラネタリウムを借り、堂本が解説して投影をおこなった。天文台はそのまま公園に残り、旭川市天文台となった。旭川天文研究会の熱心な活動の影響もあり、1963年に旭川市青少年科学館にプラネタリウムが設置されることが決まり、東ドイツのツァイスイエナ社製ZKP-1が置かれた。同館プラネタリウムは、堂本やその後を継いだ石川清弘らが中心となって旭川における天文普及の拠点となった（旭川市青少年科学館は2005年まで開館し、2023年現在、役目を終えたZKP-1は旭川市科学館にて展示されている）。

日本におけるプラネタリウムの黎明（れいめい）期に各館で従事した担当者たちは互いに情報交換をしながら、この分野を大きく発展させてきた。その成果は大きく、また海外製のプラネタリウムはさらに多くの人々を魅了し、国産プラネタリウムを本格的に生み出していく原動力となっていった。

第5章　国産プラネタリウムの誕生と発展

1950年代後半より、宇宙ブームが起こった。1957年、東京・渋谷には天文博物館五島プラネタリウムが開館し、連日の大盛況となった。同じ年、国際地球観測年として、日本でも南極観測など大きな科学プロジェクトが動き出していた。ソ連が打ち上げた世界初の人工衛星スプートニク1号も大きな話題となった。空襲で焼けた地面を見て頑張っていた人々が、顔を上げ、宇宙に関心を向けていった。国内の産業の復興とともに、日本でもプラネタリウム製作が胎動し始めた。

2023年現在、日本のプラネタリウムメーカーは、コニカミノルタ、五藤光学研究所、大平技研の3社である。過去には、試作機や数台のみ製作した後に撤退したメーカーもあれば、簡易なプラネタリウムが量産されたこともあった。本章では、国産プラネタリウムの黎明について紹介しよう。

夢を作る男と夢を売る会社の合流――コニカミノルタの黎明

コニカミノルタのプラネタリウム製作は、前身である千代田光学精工から始まっている。千代田光学精工は戦前よりミノルタ・ブランドのカメラを製作していた。創業者は田嶋一雄（1899年―1985年）である。田嶋はヨーロッパ訪問の際、光学技術に興味を持ち、国産カメラの製造をはじめた。1937年、国産初の二眼レフカメラ「ミノルタフレックス」を開発し、千代田光学精工の名で事業を行うようになった。第二次世界大戦中には、海軍の要請で双眼鏡の製作を行っていた。田嶋は幼少の頃から星が好きであり、大阪市立電気科学館のプラネタリウムを見たことを機に、このような精密機械を作ってみたいとあこがれを持つようになった。1945年に終戦を迎え、再び軍需生産から民需産業へ転換した際には、いち早くプラネタリウムの研究を行うよう、技術者たちへ宿題として課していた。

同じ頃、信岡正典（1912年―1983年）がプラネタリウムの開発に成功したというニュースが流れた。信岡は元々、オートバイの修理を本業としていたが、戦後の混乱の中、一生の支えとなる新たな夢を持ちたいと渇望していた。大阪市立電気科学館のプラネタリウムが素晴らしかったこと、早世した星好きの弟が国産のプラネタリウムの誕生を望んでいたことなどから、信岡は1949年にプラネタリウムづくりの本格的な研究を始め、大阪市立電気科学館へ通った。毎日のように来館しては、ツァイスII型を熱心に眺める信岡の姿に、同館の佐伯恒夫は当初呆れていたものの、やがてその熱意に感心するようになった。ある日、信岡に佐伯は「いきなりプラネタリウムを作るのではなく、日食・月食の投影機、次いで太陽系投影機を製作してはどうか」と助言をした。佐伯は、プラネタリウムが高度で複雑な機構であることを熟知しており、まずは一部分でも精度よく完成させることに注力するのがよいと考えたのだ。信岡はアドバイス通りに開発に取り組み、見事に1年ほどでそれらの投影機を完成させた。できあがった太陽系投影機を見た佐伯がハレー彗星の追加を頼んだところ、信岡は彗星が太陽に接近すると尾が伸び、太陽から遠ざかったところで尾が短くなる演出を成功させた。実用できる素晴らしい出来栄えだったため、補助投影機としてプラネタリウムで使用されることとなった。信岡は1957年4月に人工衛星投影機も完成させた。大阪市立電気科学館プラネタリウムが映し出す夜空には、スプートニク1号が打ち上げられる半年も前に人工衛星が飛んでいたことになる。信岡はこれらの投影機をすべて館へ寄贈した。こうした功績を受けて、後年、信岡へ紺綬褒章が贈られた。

ノブオカ式Ⅰ型プラネタリウム

1958年3月に信岡は千代田光学精工の嘱託職員となった。機械工作が得意な信岡とレンズ光学を専門とする千代田光学精工の技術陣が合流し、新たなプラネタリウムが開発された。完成したプラネタリウムは「ノブオカ式Ⅰ型」と呼ばれた。ノブオカ式Ⅰ型は、

1958年9月から兵庫県西宮市の甲子園阪神パークで開催された、朝日新聞社主催の科学大博覧会に出展された。その後ノブオカ式I型は、1959年9月に福岡市箱崎の福岡プラネタリウムへ移設された。

千代田光学精工は1962年にミノルタカメラ株式会社へと商号変更され、プラネタリウムの製作は同社の一部門として継続された。長年にわたり採算は取れず、生産中止の意見も上がるほど恵まれない時期が続いたが、そのような状況下にあっても、田嶋は「この〝夢を売る〟製品を絶対に手放してはならない」と同事業を大切に育てた。

技術者たちの奮闘――コニカミノルタの発展

信岡の入社後、ミノルタでノブオカ式S型が開発された。名称に冠されたSとは、SEIZAあるいはSTARの頭文字をとったものとされている。このS型が映し出す恒星は、ランプの周りを覆った籠を回転させることで「またたき」が表現されるものだった。惑星機構が不十分だったため、信岡は「星座投映機」と呼んで、従来のプラネタリウムと区別した。1959年5月に東京で開催された国際見本市には、ノブオカ式S型の試作機が出展された。このノブオカ式S型の試作機は国際見本市の後、阪神パークで常設された。2号機は1960年3月に、広島市の遊園地、楽々園へと納品された。

信岡は独自の惑星投影機構も開発した。惑星の光を鏡で反射し、鏡を動かして惑星の動きを表現する独特の機構を持った投影機は、ノブオカ式M型とよばれた。Mはミラーのﾑとされる。ノブオカ式M型は日本各地の博覧会に出展され、大阪、名古屋、金沢、若戸大橋の博覧会で実演もされた。

ノブオカ式Ⅲ型は、完全な惑星機構を搭載した。ノブオカ式Ⅲ型は、ツァイスⅡ型と同様に、南北の恒星球が両端にあり、太陽・月・惑星機構がその間に配置された。いわゆるツァイス型のプラネタリウムである。直径20〜30メートルの大きさのドームに対応し、9000個の恒星を映し出すことができた。また、星のまたたきが表現される機構を有しており、他に緯度、日周、歳差、年周も表現できるものだった。Ⅱ型ではなくⅢ型とされた理由は、2番目に完成したモデルにS型という名称が付けられたためだったと推測される。

ノブオカ式Ⅲ型の開発の中心となったのが、一本喜治（1932年—2009年）である。一本は惑星運動機構など重要な部分の設計を担当した。その頃、信岡は存在感を薄めていった。そこで改めてプラネタリウムの機構を研究するため一本は信岡と同じアプローチを取り、大阪市立電気科学館へ日参した。昼休みの時間帯を狙って訪問し、投影機を懐中電灯で照らしながら、構造のメモを取った。「信岡の再来」に対応したのは、再び佐伯恒夫だった。館へ通い始めて3ヵ月ほど経過したとき、佐伯は「君には負けた」といって、プラネタリウムの図面の閲覧を許した。努力が実り、一本は惑星投影機構の開発に成功した。

一本は喜びを上司ではなく、真っ先に佐伯恒夫へ報告したという。佐伯は2人の個性的な技術者から慕われ、尊敬されたのだ。ノブオカ式Ⅲ型は1960年4月に行われた大阪国際見本市に出展された。出展された後しばらくミノルタの工場に置かれたとみられる。さまざまな証言を元にすると、一本は全国のプラネタリウム館の担当者にむけた研修会を実施し、ノブオカ式Ⅲ型を使ってプラネタリウムの構造の説明をしたようだ。研修会は通称「一本学校」と呼ばれ、プラネタリウムの知識が少ない担当者たちにとって、実機を見ながら投影機のしくみを学ぶことができる貴重な機会となった。一本は優れた技術者だっただけでなく、納品された製品のメンテナンスを事業化したり、プラネタリウム番組制作に注力したりするなど、広い視野でプラネタリウム事業の発展を見据えていた。プラネタリウムの創成期・発展期を走り抜けた人物といえるだろう。

MS-10

ＭＳ-10は、ノブオカ式Ⅲ型の機構を利用して製作された量産機である。ＭＳ-10は、直径10メートルのドームに対応したツァイス型プラネタリウムで、50台以上が納入されるベストセラー機となった。ＭＳ-

10の第1号機は1966年に山口県山陽町（現・山陽小野田市）にある山陽パークに納められた。この頃からミノルタ製プラネタリウムの普及が進んだ。1965年にはノブオカ式S型の機構を参考にしたMO-6が完成し、北京、ハンブルグ、米国に出荷された。日本では1968年1月に千葉県富津市の天羽高校に納められた。1969年4月、京都市青少年科学センターに、より大きなドーム用に開発されたMS-15が、同年10月、青森市民文化センターにはMS-10が納入された。国外からの需要も増え、1969年2月にはフィンランドの都市であるタンペレにMS-10が輸出され、1970年には米国デアンザカレッジにMS-15が設置されるなど、国内外ともに納品実績が築かれてきた。1971年以降はコンスタントに10台以上の納入が続くようになった。

　海外への輸出事業を強化しようと、1970年代初頭にミノルタの技術者である佐伯有教が米国に約3年間駐在した。そしてプラネタリウムの現状調査とともに、現地での人脈形成やセールス活動を行った。その結果、8台のプラネタリウムの注文を米国内から受けることができた。据え付け作業は、一本をはじめ、当時の主立った開発メンバーが現地まで赴き、担当した。米国市場にはその後、大小30数台が輸出され、ビューレックス社の商標で据付けられた。ビューレックス社とは、OEMで日本製プラネタリウムを販売した米国の企業である。同社には日本人の佐々木孝助（コージー・ササキ）が在籍し、米国で日本と米国のプラネタリウムの懸け橋になった。

1970年代後半以降、ミノルタのプラネタリウム開発は佐伯有教が中心となって行われた。1978年には自動制御式のプラネタリウムであるMS-18ATが開発され、池袋(いけぶくろ)のサンシャインプラネタリウムに納入された。1985年には、インフィニウム(INFINIUM)が開発され、科学万博つくば'85で公開された(第6章参照)。在職中に佐伯が亡くなったため、インフィニウムの開発は、彼が育てた若手の技術者たちが完成させた。

米国での事業は、ビューレックス社の1980年の倒産にともない、何年かブランクがあったが、1987年、佐々木孝助をミノルタの米国法人に招き入れ、新体制で輸出が再開された。1988年、ミノルタカメラのプラネタリウム部門は、ミノルタプラネタリウムとして独立した。1990年代以降は、従来の光学式プラネタリウムとデジタル式プラネタリウムを組み合わせたジェミニスター(GEMINISTAR)や、新たな光学式プラネタリウムなど新技術の開発をすすめた。2003年にコニカミノルタプラネタリウムと社名を変更し、コニカミノルタのグループ会社となった。2004年に、池袋のサンシャインプラネタリウムを継承し、コニカミノルタプラネタリウム直営の「サンシャインスターライトドーム〝満天(まんてん)〟」の営業を開始した。直営事業はコニカミノルタプラネタリウムの大きな柱となった。2021年には、ドームスクリーン全面にLEDを配置するという画期的な特徴を持つLEDドームを、直営施設である名古屋市の満天NAGOYAに公開するなど、次世代型の新技術開発に取り組んでいる。

「天文学の民衆化」をスローガンに――五藤光学研究所の黎明

五藤光学研究所の創業者は五藤齊三（1891年―1982年）である。五藤の人生の転機には、天文現象が付いて回っている。

1910年5月、当時19歳だった五藤はトイレの窓から空一面に長く伸びるハレー彗星を見て驚き、天文に目覚めた。1919年に日本光学工業株式会社（現・ニコン）へ入社した。第一次世界大戦後の不況により庶務課長として人員整理を担当することとなり、五藤自身も7年で退職することになったが、外から日本光学工業を応援しようと、1926年9月に五藤光学研究所を起こした。五藤は「天文学の民衆化」のスローガンの下、東京・三軒茶屋の自宅で小型天体望遠鏡の製造・販売を開始した。1930年に行われた「海と空の博覧会」では、精密太陽系運行儀なども出品した。この天体運行儀は、地球が4分かけて太陽のまわりを1周するのに対し、海王星は10時間59分で公転するなど、月や惑星が正確な比率で太陽の周囲を回るように設計されており、また太陽には黒点が描かれるなどの工夫も凝らされた。これらの高い精度と造作の良さから、精密太陽系運行儀は金牌（最高評価）を受賞した。五藤の自宅は、天文家の交流の場ともなっていった。自宅を訪れた山本一清は、精密太陽系運行儀を見て、「日本製プラネタリウム」と称賛した。

1936年、北海道で皆既日食が見られた。この時、五藤は自社の望遠鏡を用いて朝日新聞社と共同観測を行い、その報告を米国の『アマチュア・アストロノミー』誌に掲載した。このような企業活動は第二次世界大戦中に途切れるが、戦後早々に再開された。1948年、北海道礼文島の金環皆既日食で観測を行う米国隊の依頼により、シーロスタット（太陽観測専用望遠鏡）を製作した。この依頼は米国から大掛かりな観測機器を持ち込む手間を省くためのもので、当初の予定では、観測後日本に残すことになっていた。ところが、シーロスタットの作りが非常に良好だったことから、米国隊は予定を変更し、自国へ持ち帰ったという。

1955年に五藤齊三はアリゾナ大学から招きを受けて、太陽熱利用会議に出席した。その帰りに立ち寄った大学敷地内のスチュワード天文台で、台長からプラネタリウムについての説明を聞いた。五藤は、米国にプラネタリウムの需要があるものの、第二次世界大戦の混乱からツァイス社の復興がなかなか進まず、プラネタリウムの導入が遅れていること、カリフォルニア科学アカデミーでは、自力でプラネタリウム（モリソン・プラネタリウム）の製作をおこなったこと、またスピッツ社が簡単な構造のピンホール式の機械を安価で作り出し、これがよく売れていることなどを聞いた。

1956年、五藤は貿易ビジネス関係団体の理事として中国を訪問した際、少年科学院でソ連製の小型プラネタリウムを見学した。五藤は翌1957年にも北京を訪問し、北京天文館の落成式に招待され、東ドイツ・ツァイスイエナ社製のプラネタリウム（UPP23／2）を見学している。五藤はこのプラネタリウムが北京で非常に人気を得ているのを見て、いよいよプラネタリウムの時代が来ると感じた。

　帰国後に五藤齊三はプラネタリウムの製造を決意し、国立科学博物館へ相談に行った。国立科学博物館の朝比奈貞一は、プラネタリウム研究家の吉田尹道を五藤に紹介した。五藤は吉田から出願中の特許を譲り受け、世田谷区用賀にプラネタリウム専用工場を完成させた。そして必要な専門の機械と技術者を集め、プラネタリウムの研究開発をスタートした。

　当初、吉田の特許に基づき、両端に恒星球が付いたツァイス型の投影機が設計されたが、設計が進むにつれて疑問が生じ、モリソン型に変更された。１９５９年に光学式の中型プラネタリウムM-1型を完成し、同年5月に東京・晴海で開かれた東京国際見本市で一般に公開した。M-1型は、東京・浅草の新世界、江東区の東京商船大学（現・東京海洋大学）、静岡県清水市にあった富士観センター、広島県江田島の海上自衛隊幹部候補生学校などに次々と納品された。東京海洋大学のM-1型は１９６５年製で、２０２３年の大学祭でも投影が行われ、国産プラネタリウムとしては、現役最古の機種である。

　五藤光学のプラネタリウムは海外への進出も果たした。１９６０年5月には、米国ニューヨークで開催された国際見本市に出展され、好評を博した。同年8月には三菱商事に依頼して、セントルイス市に新設されるプラネタリウムの国際入札に参加し、一番札を取った。このような時、米国の習慣として、品質を担保するための調査が行われた。調査の結果次第では、落札が見送られる可能性もあった。五藤光学は海外への納入実績がなかったため、国際入札の担当者より米国中の天文台に「日本の五藤光学を知っているか」という照会が行われた。その結果、全ての天文台から「知っている」という回答があり、無事の契約に至ったという。後に米国の天文台で五藤光学の名が知られていた理由を尋ねられた際、五藤齊三は1936年と1948年の日食の時から、米国での実績を積み上げてきたことを挙げている。日本製のプラネタリウムが国際入札を勝ち取ったのは画期的な出来事で、国内外の新聞で報道もされた。その頃、五藤光学は、三軒茶屋から府中市に移転した。1962年10月5日、新築したばかりの社屋で、セントルイス向けの大型プラネタリウムL-1型の完成披露会が行われた。その後、セントルイス市に納入され、1963年4月にマクドネル・プラネタリウムが開館した。

ドーム空間の可能性——五藤光学研究所の発展

五藤光学は、1959年からわずか4年間に直径10メートルドーム用のM-1型、直径20メートルドーム用のL-1型、そして直径8メートルドーム用のS-3型と、精力的に大・中・小のプラネタリウムを開発した。M-1型は神奈川県立青少年センターや帯広市児童会館、那覇市久茂地公民館など、S-3型は、小樽市青少年科学技術館、東京の弦巻中学校、愛媛新聞社、荒川区立教育センター、駒沢大学北海道教養部、宇部市勤労青少年会館、前橋市児童文化センター、名寄市プラネタリウム館、新潟の上越青少年文化センターなど、日本各地の科学館や公民館、教育センター、学校へ広く納品された。

直径10メートル用の中型と、直径20メートル用の大型の中間にあたるドーム径の需要が生まれたため、1963年に急遽、M-1型を母体とした直径15メートルドーム用のプラネタリウムM-2型が開発された。M-2型の機械部分は、M-1型とほとんど同じであるが、ドーム径が大きくなった分、光源などのパワーアップが図られた。M-2型は、岡山県立児童会館、高知市の高新プラネタリウム、仙台市天文台、杉並区立科学教育センター、石川県立中央児童会館などに納められた。1965年には、五藤光学製としては唯一の惑星棚が恒星球の内側にあるツァイス型ピンホール式のS-1型が開発され、高知県安芸市役所などに納められた。S-1は米国カリフォルニア大学バークレー校ローレンス科学館や、富山県の魚津市にも納められた。この時期に作られた製品は、米国ではビューレックス社の商標で販売された。1970年にはL-1型を改良したL-2型が開発された。L-2は周囲の風景を映し出す機構などが付属した機種で、1970年に北九州市立児童科学館へ納入された。

Ｇシリーズは、本体を載せた架台が回転する新機構を搭載したものだ。Ｍ－１型はＧＸ型、Ｍ－２型はＧＭ型、Ｌ－１型はＧＬ型に改良された。１９７２年にはＧＭ－15－ＡＴ型が開発され、神奈川県立青少年科学センターに納められた。ＡＴ型のＡＴとは、オートマチックを意味する。録音された音声と投影が（コンピューター制御により）、同期された（第6章参照）。ＧＭ型は新技術が施されたＧＭⅡ－Space型に発展し、仙台市天文台、東京・中野区もみじ山文化センター、杉並区立科学教育センターなどに納められた。ＧＭⅡ－Space型には、投影部の高速の回転機構や、地球以外の惑星、衛星における日周運動を映すことができる自由軸機構などが組み込まれた。ＧＬ－ＡＴ型は、高崎市少年科学館や府中市郷土の森博物館に納められた。また、従来の恒星球に付属した惑星棚とは別に、7台1組のプラネットシミュレーター（デジタル制御の惑星および太陽・地球投映装置）が配置されたユニークなＧＬ－ＡＴ－Spaceが作られ、１９８８年に栃木県子ども総合科学館へ納められた。１９８０年代前半にはスペースシアター型のプラネタリウムＧＳＳ型が開発され、１９８４年に開

M-1型プラネタリウム

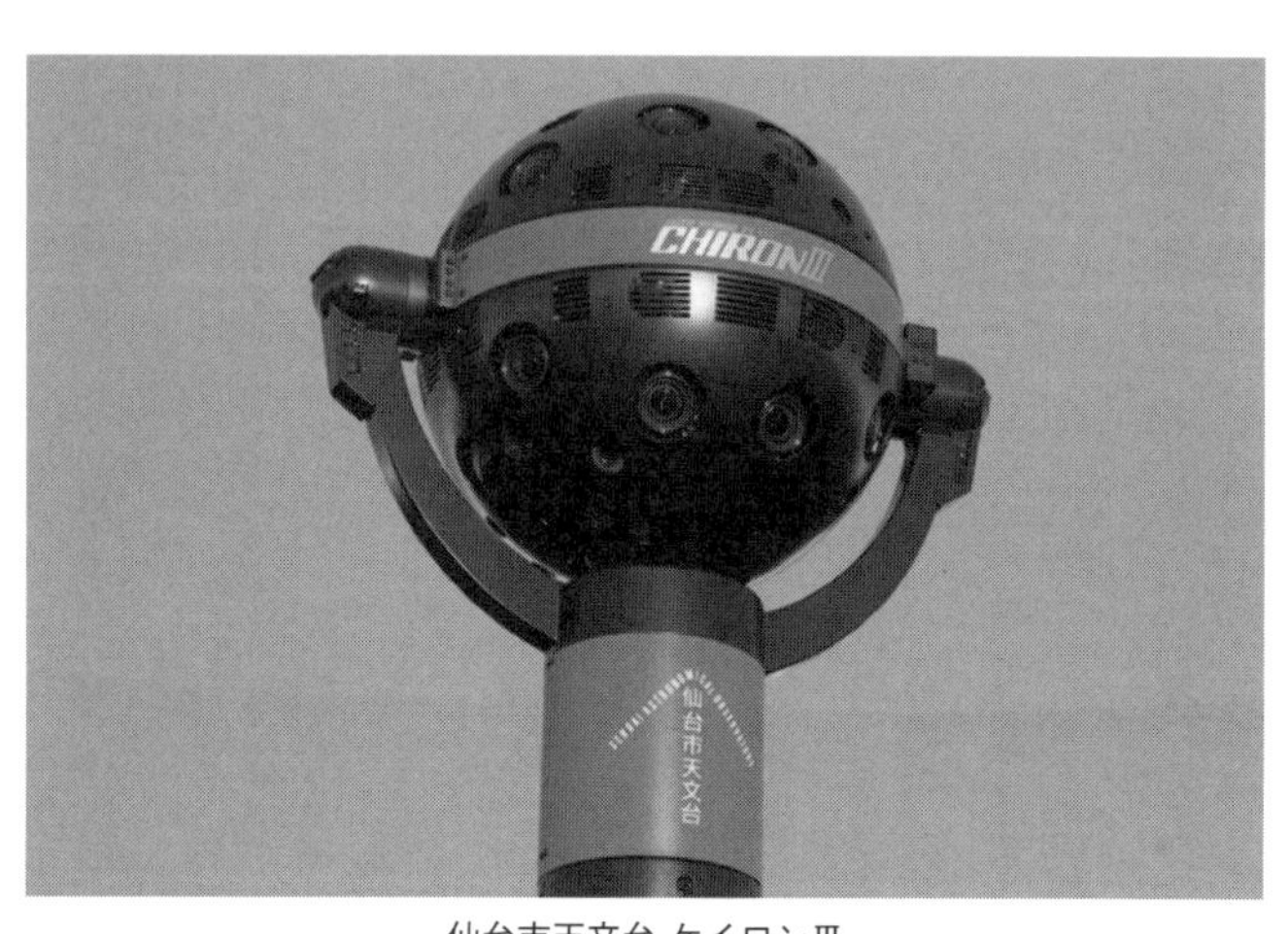

仙台市天文台 ケイロンⅢ

館した横浜こども科学館などに納められた（第6章参照）。スペースシアター型と呼ばれた投影機は光源ランプなどに改良が施され、ＧＳＳ−Ⅱ、ＧＳＳ−HELIOS型、SUPER−HELIOS型へと発展した。

　五藤光学では早い段階から、全天周映像やデジタル・プラネタリウムにつながる開発が行われた。星以外にも風景などをドーム全面に映し出せる機能であり、迫力あるストーリーの展開を可能にするものだ。１９６９年には、魚眼レンズ５個を組み合わせ、ドーム全体を映像で覆うアストロビジョン（ASTROVISION）を開発し、山梨県の富士急ハイランドに納入した。翌１９７０年には70ミリ映写機を5台使った5分割の全天周映像システム・アストロラマ（Astrorama）が開発され、大阪万博のみどり館で作品が上映された。

1996年には、デジタル・プラネタリウム・バーチャリウム（VIRTUARIUM）を開発した。2004年には、光学式プラネタリウムと全天周デジタル映像システムを融合したハイブリッド・プラネタリウム、ケイロン（CHIRON）を発表した。ケイロンシリーズは恒星の表現に工夫が行われ、2012年には、西東京市の多摩六都科学館にケイロンⅡを設置、2014年には、より本物に近い星空の再現を目指してケイロンⅢが開発され、2016年に札幌市青少年科学館へ納入された。五藤光学では創業から一貫し、多くの世界初となる製品の開発を行っている。

イッツ・マイ・ホビー――大平技研の黎明

大平技研は、大平貴之が設立した。21世紀に誕生した新しいプラネタリウムメーカーで、五藤光学研究所やコニカミノルタプラネタリウムに続く国産プラネタリウムメーカーである。

大平貴之は、幼少の頃より科学の実験や観察に夢中になる少年だった。地元にある川崎市青少年科学館のプラネタリウムドームで見上げた星空に感動し、7畳間の自宅天井に夜光塗料を使ってオリオン座を作った。また1000を超える星を正確に部屋中に配置し、プラネタリウムのようにして、同級生や親戚に披露した。やがて科学館にあるものと同じような投影式のプラネタリウムを作りたいと考えるようになり、小学校高学年になると2球式のピンホール式プラネタリウムを手作りした。これを耳にした校長は、大平に川崎市青少年科学館のプラネタリウムの解説員である若宮崇令（わかみやたかのり）を紹介した。同館を訪ねた大平に、若宮は投影機のしくみを詳しく解説し、操作もさせてくれた。これに感激した大平は、本格的な装置を作ってみたいという夢を抱くようになった。そしてレンズを入手し、レンズ式のプラネタリウム作りに挑み始めた。しかし、小学生の力では製作することはできなかった。

　大平は高校生の時に物理部へ入部し、プラネタリウム作りに取り組んだ。すでにレンズ式の困難さは体験していたことから、ピンホール式に取り組み、どこまで性能を上げることができるかということに挑戦した。また、高校時代にハレー彗星の観測のためオーストラリアを訪れた。その時に見た星空に感激したことが、後のプラネタリウム製作に大きな影響を与えた。大学に進学した際には、サークルには属さず、単独でレンズ式プラネタリウムの製作に取り組んだ。大学で専門に学ぶことができる機械工学だけでなく、電子回路の勉強を必死で行い、コンピューターの操作や制御の知識も友人らの力を借りて習得した。プラネタリウム製作と学業の両立は難しく、1年休学して、アルバイトと製作に集中した。１９９１年11月、大学入学後4年目にあたる年に、アマチュアの自作としては前例のないレンズ投影式プラネタリウム、アストロライナーを完成させた。アストロライナーは直径8〜12メートルのドーム用で、32分割式で恒星数は約3万個（後に改良して約4万5000個）だった。これがニュースとなった。プラネタリウムの完成が大きな話題となる様子は、1950年代末から60年代初めに国産プラネタリウムが誕生した頃と似ていて興味深い。

大平のプラネタリウム製作は卒業論文のテーマにもなった。全国各地で移動公演を行ったが、大がかりな機材となるため運搬の負担は大きく、耐久性などの問題も生じた。大平の関心は、簡単に持ち運びができ、扱いやすいプラネタリウムの開発に向くようになった。

1996年、大平は大学院を修了し、ソニーに入社し、社会人になった。大平は、仕事とプラネタリウム作りは両立できないものと諦めていたが、同年大阪市で開催された国際プラネタリウム協会（IPS）の大会には知人の誘いで出席することにした。これが大平のプラネタリウム作りへの情熱を再燃させるきっかけとなった。世界のプラネタリウム関係者に、大平がアストロライナーの成果を発表し、「It's my hobby」と通訳されると、会場の大爆笑を呼んだ。大平がきょとんとしていると、参加者が次々に大平のもとへ駆け寄りアストロライナーの出来栄えを絶賛した。予想外の反応に大平は、2年後にロンドンで開催されるIPSで新型プラネタリウムを発表し、もっと驚かせようと考えた。

アストロライナーで映すことができる星が約4万5000個だったことから、大平はいっそのこと100万個の星を映せるようにしようと考えた。そのために必要となる恒星の

メガスター

データは、人工衛星による観測データを、普及し始めたインターネットを使って、海外の研究機関から入手した。恒星原板に恒星用の穴を開ける作業には最大限の力を注いだ。星の数を１００万個に増やすためには、１個あたりの星の大きさを最小で１ミクロンまで小さくせねばならない。それを達成するために青色レーザー光源を購入した。完成した新型プラネタリウムは、１０0万個の星にちなんでメガスター（MEGASTAR）と名付けられた。

１９９８年６月、ＩＰＳロンドン大会で直径６メートルドームに集まった20名ほどの参加者に大平はメガスターを披露した。製作の経緯を説明し、部屋を暗転させた。１５０万個の恒星を映し出したところ、しばしの沈黙の後、拍手が沸き上がった。メガスターの評判は大会参加者に広がり、発表が臨時で追加された。

リアルな星空の追求——大平技研の発展

メガスターが話題になることにより、大平の周囲が大きく動いていった。勤務先のソニーでは、プラネタリウム製造の事業化が検討される一方で、大平個人へもイベント出展の声が頻繁にかかるようになった。

ソニーでの事業化は、２００３年12月に東京都港区お台場のソニー・エクスプローラサイエンスに、ソニー製プラネタリウムのシアタリウムが完成することで結実した。投影できる恒星は１７０万個。大平の技術が活かされ、世に出たプラネタリウムだった。

２００２年5月、ＦＭラジオ局の企画で、前年に閉館した渋谷の東急文化会館の五島プラネタリウムドームにメガスターが持ち込まれることがあった。投影の際には直径20メートルのドームの大きさに合わせて、強い光源を装着し、星空を固定する改造が施された。このイベントが好評だったことから、東急文化会館を取り壊す直前の閉館イベントで、再びメガスターを上映する企画が生まれた。大平は、せっかくやるなら今度は星が動くプラネタリウムを設置したいと考え、メガスターの後継機の開発に取り組んだ。こうして作られたメガスターⅡは、直径25メートルドームにまで対応し、星の動きも表現できるものだった。何より４１０万個以上の恒星を投影することができたのは大きなインパクトを与え

メガスターⅡコスモス

た。この時期に大平は独立した。

２００４年に宇宙飛行士の毛利衛（もうりまもる）が、当時館長を務めていた東京都江東区の日本科学未来館に、メガスターⅡを常設するよう強く希望した。これにより設置されたメガスターⅡコスモス（cosmos）は、５６０万個の恒星を映し出し、ギネスワールドレコーズにて「世界一先進的なプラネタリウム」として認定された。プラネタリウムがギネス登録されたのはこれが初めてだった。この時期、大平の半生がテレビドラマ化されたり、自身がＣＭ出演するなど、大平の名が広く知れ渡るようになった。大平はセガトイズから販売された家庭用光学式プラネタリウムのホームスター（HOMESTAR）や、学研の科学系雑誌『大人の科学マガジン』の付録のプラネタリウムなど、従来にはなかったヒット商品につながるコラボレーションを行っている。

２００５年２月、大平貴之は自身を社長とする大平技研を創業した。２００８年にはIPSシカゴ大会で、投影星数２２００万個となるスーパーメガスターⅡを発表し、その後LED光源のメガスターⅡB（中型ドーム向け）、メガスターⅡA（中大型ドーム用）を開発した。これらは国内外の科学館に納入され、その実績により大平技研はプラネタリウムメーカーとしての地位を確立した。デジタル投影システムとの組み合わせでも独自の技術を開発していった。２０１２年に川崎市青少年科学館（通称・かわさき宙と緑の科学館）に納入したメガスターⅢは、デジタルと光学式の両者を融合させた技術を搭載するフュージョン（FUSION）機構を有した。横浜こども科学館（愛称・はまぎん こども宇宙科学館）に納入したメガスターⅡAには、最新の観測データに基づき12億の恒星を投影する仕様を持つギガマスク（GIGAMASK）や、投影回転軸の不可能点を回避する４軸制御のスイング・アクシス（SWING AXIS）という新技術を盛り込んだ。

大平技研の特徴のひとつは、幅広い市場に対応した投影機を開発していることである。光学とデジタル一体型の業務用超小型プラネタリウム・メガスターjr.、小さな部屋での使用を想定した超小型プラネタリウム・メガスターCLASS、超小型軽量光学式投影機メガスター-Neo、直径５００メートル級の巨大ドームに投影可能な新型プラネタリウム投影機ギガニウム（GIGANIUM）などがあり、これらの機種の開発は、多彩な業種とのコラボレーションを生んでいる。例えばメガスター-jr.は岩盤浴施設に、メガスター-CLASSは星空をテーマとする飲食店に納められている。ギガニウムはプロ野球の試合後にドーム球場で投影され、試合終了後に観客が寝転んで星を見上げる空間を作りあげた。他にも各地の美術館やイベント会場にとどまらず、航空機や洞窟など幅広い場所で星空を映し出している。

大平は次のように語る。「肉眼で見えない星を映し出す事は、無意味ではないか？　と言われた事もありましたが、今では他社も追従する程の確固とした流れになりました。それには理由があります。宇宙に無数の星があるなら、それを限りなく再現していく事は、ごく当然の事だからです。最も大切な事は、何のためにそこまでのリアルな再現を追求するか？　です。全てのプラネタリウムが最も意識すべき点だと私は思います」

大平の少年時代から続く想いが大平技研の現在の活動につながっている。

一世を風靡した金子式プラネタリウム

天文普及家である金子功（いさお）（1918年―2009年）は、独力でピンホール式プラネタリウムを考案し、海外へ輸出するまでになった。金子式プラネタリウムは、日本のプラネタリウム史において忘れてはいけない重要な存在である。

金子は子供の頃から天文に興味を持っていた。旧制中学校で理科の教員をしていた時には、近所の人々を集めて五藤光学の口径58ミリの屈折望遠鏡で星を見せ、文化を語り、社会を論じていた。この当時から、郊外に土地を求めて天文台を中心とした文化施設を作りたいと考えていた。戦時中に勤めた航空局の事務所は、東京・有楽町の毎日天文館（東日天文館から改称）のある建物にあり、暇をみてはプラネタリウムを見に行った。そこで耳にした「水のような薄明の中に愛宕山の名残りのアンテナが浮かんで見える今日の夕暮れ」という名文句は、金子の記憶に深く残った。航空局の乗員養成所が廃止になったのを機に教官を辞め、郷里の愛知県豊橋市に帰った。戦時中の経験から、自由な立場での文化活動を夢見るようになった。資金作りのために、小さな作業場を設け、学校の理科実験機器などを製作した。金子は1948年の秋、豊橋市内の向山に住宅を買い取って活動の拠点とし、15センチ反射望遠鏡を完成させた。金子は毎日天文館で見たプラネタリウムの魅力が忘れられなかった。その記憶から、プラネタリウムの製作も開始した。本格的な光学式プラネタリウムは難しいため、ピンホール式のプラネタリウム開発に取り組んだ。この仕組みはスピッツ製のピンホール式プラネタリウムと同じだが、金子の回想によると、ピンホールカメラにヒントを得たとあり、独自の発案によるものと思われる。

金子は1950年に金子式プラネタリウムの試作第1号を完成させ向山天文台や東山天文台で試験的に不定期に公開した。惑星投影機構はなかったが、最初期の国産のプラネタリウムの誕生である。1952年頃には直径3・5メートルの布製のドームと共に、金子式プラネタリウムを滋賀県の豊郷小学校へ納入した。これは、日本で学校に納入された最初のプラネタリウムと思われる。金子式プラネタリウムは評判を生み、滋賀県内の学校に10台ほど売れた。愛知県でも実績があり、やがて全国から問い合わせが殺到するようになった。この時期、金子は文部省を訪ねてプラネタリウムの説明を行い、理科教育振興法のメニューの一つとして教育機関への小型プラネタリウムの導入を提案している。金子の回想によると、この提案が通ったことがきっかけとなり、五藤光学や、天文関連教材の製造・販売を行う渡辺教具製作所なども、学校向け小型プラネタリウムを製作するようになったという。金子式プラネタリウムは台湾でも、金子牌天象儀という商品名で200～300台販売された。

　金子はさらに大型のプラネタリウムの開発に取り組んだ。そして完成した金子式コロネット・プラネタリウム（ダイヤ型）は、ツァイス型に似た2球式のものとされ、直径7メートルのドームに対応した。1957年、向山天文台に初号機が設置され、続いてさっぽろテレビ塔にある北海道観光センターへも導入された。金子式コロネット・プラネタリウムは高価なため、学校での販売は期待できなかったことから、金子はデパートに売り込んだ。熊本の大洋デパートに設置されたところ良い評判を呼び、続いて小倉、福岡、横浜の高島屋、新潟のダイワデパートなどへ7台納入された。1959年には、和歌山市にあった和歌山天文館にも納められた。和歌山天文館は、大阪市立電気科学館に在籍した高城武夫（たかぎたけお）が私設した施設である。金子式プラネタリウムは、こうした個人の熱心な活動にも大きな力となった。

金子は、1球式の恒星球に惑星棚（金・火・木・土・太陽・月）が付属した形式のジュピター型を開発した。投影機とテープレコーダーを連動し、自動的に演出ができる工夫がなされた。これは後に登場する自動制御によるプラネタリウムよりも10年以上早い先駆的な試みだった。ジュピター型は、1971年に福島県の郡山（こおりやま）市児童文化会館へ設置された。

金子式プラネタリウム

金子は、天文台づくりを町づくりの一環ととらえていた。理想の実現のため、それまで豊橋向山天文台としていた活動拠点を移し、1972年に愛知県東栄（とうえい）町で御園天文科学センターを設立し、1974年にジュピター型を設置した。情熱を注いだ施設ではあったが、残念ながら、金子にとって東栄町での事業は自身の理想とはほど遠い全く不本意なもので、金子式プラネタリウムの歴史もここまでとなった。1976年、金子は中日新聞社より中日社会功労賞を授与され、1979年には愛知県教育委員会より文化の功労者として表彰された。日本のプラネタリウムの歴史において、金子の果たした役割は大きい。米国におけるスピッツの初期の役割とよく似ている。金子は、戦後の混乱期と復興期において、簡易ながら当時めずらしかったプラネタリウムを国内に普及させた。実働期間は短かったが、地方の人々がプラネタリウムを知るきっかけとなり、日本国内にプラネタリウムが広がる下地を作った。金子式プラネタリウムは2023年現在、和歌山市、名古屋市、郡山市の各科学館に常設展示されている。

個人でプラネタリウムを作った人々

戦後、金子功以外にも独力で小型のプラネタリウムを製作した人たちがいた。

1950年、和歌山県立桐蔭（とういん）高校の天文部教官だった山本達郎は、部員とともにピンホール式のプラネタリウムを製作した。太陽や月の運動の再現に工夫がこらされていて完成度が高いものだった。1950年に旭川で開催された北海道開発大博覧会に貸し出された。同じ年、高知県で南国高知産業大博覧会が開催された際、簡易なプラネタリウムが作られた。東亜（とうあ）天文学会高知支部の支部長が、南国博に合わせてプラネタリウムを中心とした天文館を作ろうという計画を発案した。製作したのは、後に彗星発見などで活躍した、当

大西式プラネタリウム

時19歳の関勉だった。関は友人と約2ヵ月をかけて、毎日ほとんど徹夜で製作作業に取り組んだ。星図を頼りにして、直径1メートルの鋳物の球に大小6種類のドリルで5000個近い星の穴を開けて、投影機を完成させた。残念ながら、天文館は開館からわずか2年余りで閉館したが、貴重な歴史の一コマである。

1951年、兵庫県立高砂高校2年生の大西道一は、天文部の仲間と一緒にプラネタリウムを製作して高校の文化祭に出品した。天文部の親友は後に明石市立天文科学館館長となる河野健三だった。大西式プラネタリウムは、恒星の形と位置精度に重点をおいて製作されたものであった。また惑星の位置も正確に表現される工夫がなされていた。高校生としては驚異的な出来栄えで、事業化の声もあったが、あまりに労力が大きいため大西のプラネタリウムづくりはこの1台で終了した。大西式プラネタリウムは、現在、大阪市立科学館で保存されている。

京都で理科教師を務めていた江上賢三は、戦前に大阪市立電気科学館を訪れ、感銘を受けた。そして子供たちに宇宙の神秘、天体の美しさを是非伝えたいと考えるようになり、空き缶のブリキとカーテンレール、虫眼鏡で幻灯機（スライド投映機）を作った。星は厚紙に大きさを変えて穴をあけ、1等星、2等星、3等星……と区別したもので表し、赤い星には赤いセロハン、黄色の星には黄色いセロハンを貼って、星座ごとに何枚も作った。また、セロハンや黒い紙を切って星の物語の絵を作り、投影した。江上は、子供たちが喜ぶのを見て自信をつけ、今度は空全体が映せるものを作ろうと考えた。

終戦後の1947年には、アルミのレコード盤に穴をあけて星の原板を作り、時間とともに星が動くように歯車を使って、手動で回転させた。星座の絵は、重ねて投影した。黒ラッカーを塗ったガラスを千枚通しでひっかいて絵を描き、南北の半円形の空と、薄明、夕焼、朝焼、星座絵、星空の回転を表現した。これは江上式プラネタリウムと呼ばれ、島津製作所が製品化し、初期型が1950年に発売された。江上は星座投影機の特許を取るとともに、星座の動きに合わせて音楽も流れるように改造した。1953年には島津製Ⅱ型星座投影装置という商品名で発売された。戦後の日本には学校以外の教育施設がほとんどなく、理科の実験なども学校ではできない。そこで、江上は移動天文教室も開いた。古い自動車を手に入れ、江上式プラネタリウムと望遠鏡を積んで、京都市から丹後地方まで巡回した。この移動天文教室は評判が評判を呼び、人気となった。江上の天文教室の活動は、1969年に京都市青少年科学センターが完成し、ミノルタ製のMS-15が設置されるまで続けられた。以降は、同センターが江上の活動拠点となっていった。同センターの元プラネタリウム担当者本部勲夫は「江上先生はとにかく教育の熱情がすごい人でした。MS-15には天体学習専門の補助投影機が取り付けられるなど、学習投影のシステムが江上先生の発案によって、多く打ち出されました」と語っている。

知られざる興和式と西村式のプラネタリウム

千代田光学精工、五藤光学研究所以外にも、同時期に国産プラネタリウムの開発に取り組んだ企業があった。

1959年に愛知県の光学機器メーカー、興和光器製作所（現・興和オプトロニクス）が、愛知県蒲郡市の三谷温泉プラネタリウム会館に、プラネタリウムの1号機を納品した。同社がプラネタリウム作りを行った理由についてはよくわかっていないが、当時の同社は戦前の海軍工廠（海軍の直属工場）のメンバーが中心となっていて、光学技術に優れた知識と技術を有していた。また当時、人工衛星が打ちあげられ宇宙ブームが来ていたこと、

興和製プラネタリウム

金子功が豊橋市でプラネタリウムを完成させたことなどの影響を受けていたと思われる。

興和光器製作所のプラネタリウム開発の中心人物は、入社2年目の大河内禎一だった。大河内は全く資料のない中、手探りで光学式プラネタリウムを学び、わずか1年で開発した。渋谷の五島プラネタリウムを訪れた際には、解説員の小林悦子に親切に説明してもらったという。大河内はまた、岐阜プラネタリウムのＺＫＰ－１も参考にした。大河内が設計した惑星機構は、ＺＫＰ－１の機構によく似ている。大河内の設計した、興和光器製作所製プラネタリウムの1号機は、南北に恒星球を備えた全天が投影できるプラネタリウムだった。改良を加えた2号機は、静岡県の浜松市児童会館に納品された。この2号機は24年間稼働し、１９８６年に役目を終え、現在は後継施設の浜松科学館に展示されている。興和光器製作所はプラネタリウム事業の見込みが低いと判断し、以降は製造と販売を中止した。日本中にプラネタリウムが広がるのはその10年後のことだった。大河内は、その後名古屋工業大学へ移った（大河内は工学部の教授として活躍し、名誉教授となっている）。興和光器製作所のプラネタリウムは、１９５０年代の終わり頃の光学機器メーカーが置かれた社会状況と、優れた才能の巡り合わせによって産み出されたものといえるだろう。

岡山県津山市の森本慶三は、１９６３年11月に津山科学教育博物館（愛称・つやま自然のふしぎ館）を開館した。森本はこの博物館の付属設備としてプラネタリウムの設置を決めた。開館前となる１９５７年から、知人を介して京都の望遠鏡メーカー西村製作所の社長、西村繁次郎にプラネタリウムの設計と製作を打診した。西村繁次郎は、戦前より山本一清や五藤齊三との交流があり、プラネタリウム製作の研究を行っていた。西村は熟慮の末、製品としてではなく試作品という形で製作を行った。プラネタリウムは10年を費やして１９６７年２月４日に

西村式プラネタリウム

完成した。レンズ式、南北の恒星球を持つツァイス型で惑星はプリセット方式、直径８メートルドームで使用された。製作を依頼した森本は１９６４年に逝去し、実際の投影を見ることはできなかったが、博物館では１９８０年頃まで公開していた。その後、西村製作所はプラネタリウムを製作しておらず、津山の試作品が唯一の西村式プラネタリウムとなっている。

眠っていたペンタックス製プラネタリウム

東京都葛飾区證願寺のプラネターリアム銀河座にはペンタックス・コスモスター０という世界で唯一のプラネタリウムがある。このプラネタリウムは、ＮＡＳＡの惑星探査機ボイジャー2号が１９８９年に海王星に接近することに合わせて製作された。

ペンタックスはカメラ製造で知られるが、天体望遠鏡を製造する部門もあった。天体写真撮影に抜群の性能を発揮する高級な天体望遠鏡を製作し、天文アマチュアから高い支持を得ていた。天体望遠鏡の開発技術者の鈴木幸三郎が中心となって、プラネタリウムの開発がおこなわれた。開発にあたり、プラネタリウムメーカーに在籍した経験を持つ技術者が合流し、鈴木を含めた3人の技術者によってわずか1年半で試作機が完成した。先行事例を丁寧に研究した結果、形状はツァイス型、海王星に行くプログラムが組まれるなど意欲作となった。ところが、事業を熱心に推進していた社長が死去してしまった。次の社長は収益性が低いと判断したため、プラネタリウムの開発は中止され、試作機は埼玉の工場に眠っていた。

眠っていたプラネタリウムを世に出したのが證願寺の第17代住職春日了(かすがりょう)である。春日は、幼少の頃から天体に興味を持っていた。五島プラネタリウムが開館すると、毎月渋谷に通った。本で名前を知る野尻抱影(のじりほうえい)が和服姿であいさつをする様子に強い印象をうけたり、プラネタリウムの解説台が気になったり、座る席をあれこれ工夫したりと、毎月の渋谷通いでプラネタリウムを隅々まで楽しんだという。小学校時代に天体望遠鏡を自作して天体観測にも励み、いろんな場所で天体観望会を開いた。中学時代には、五藤光学のピンホール式プラネタリウムを親に買ってもらい、毎日誰もいない直径1・2メートルの布製のドームの中で、独り言のように天体の解説をし星に親しんだ。春日は、天文学者を志すが、父親の反対で進路を断念した。やがて父親との意見の相違から寺を出てレストランに勤務した。1年後には高級レストランの支配人となるなど成功し、ヨーロッパに留学、ドイツやイタリアに滞在した。イタリアでは声楽のトレーニングを行いオペラ歌手として必要なものを学んだ。この期間にイタリアを中心とする各国のプラネタリウムを見学した。解説員が話したいことに突き進むイタリア流は、日本の定型的なプラネタリウムと全く違っていて大きな衝撃を受けたという。

１９８７年、父親が危篤のために帰国。様々な事情を考慮し、やむなく寺を継ぐことを決心した。春日は、旧態依然の寺の在り方に疑問を持ち、「星をキーワードにして寺を親しみやすい場にできないか」と考え、住職就任から2年目には檀家役員を説得、１９８９年に天文台を建設した。同時に春日は費用を抑えたプラネタリウムを探し始めた。いろんな試行錯誤があった末、鈴木からペンタックス製のプラネタリウムの情報を聞くと、春日はペンタックス本社を何度も訪ねて説得、とうとうペンタックスのプラネタリウムを譲り受けることに成功した。プラネタリウムは１９９１年、寺に運び込まれ、寺の改修工事にあわせて、１９９６年、プラネターリアム銀河座（開館当時はりょうちゃんプラネタリウム）が開館した。コスモスター０は、惑星棚に5惑星（水・金・火・木・土）以外に天王星投影機、プリセット式で海王星や冥王星投影機が付属している。床暖房や大きないす、配色の工夫など滞在しやすくリラックスできるプラネタリウムを目指した。春日は子どもの頃からの五島プラネタリウムの経験やイタリアなど海外で見た多様

ペンタックス製プラネタリウム

春日は星のイベントで鈴木幸三郎に出会った。

なプラネタリウムを参考に、柔軟な投影や運営を行っている。幻のプラネタリウムになる可能性もあったペンタックス・コスモスターⅠ0は、2023年現在も月に2回一般公開されている。

国産初のプラネタリウムは？

ここまで、戦後の日本で作られたプラネタリウムを紹介してきた。

筆者は、国産第1号のプラネタリウムは何か？　という問い合わせを受けることがある。しかしこれに回答するのは大変難しい。プラネタリウムの定義によって「国産初」が変わってくるからだ。

プラネタリウムの「初」といっても、

・星の投影は光学式（レンズ式）か、ピンホール式か？
・惑星を投影できるか？
・惑星の投影はプリセット方式か？
・惑星の年周運動を再現できるか？
・全天の星座を投影（緯度変化）できるか？

などの違いがある。ツァイスI型は、光学式で日周運動、太陽・月・惑星の年周機構、簡易ながら歳差の機構を持っていた。ツァイスⅡ型で緯度変化が可能になり、歳差機構も完成した。国産では、初のピンホール式プラネタリウムは、桐蔭高校が製作したプラネタリウムで、太陽・月・惑星も投影できた。国産初の量産型ピンホール式星空投影機は金子式プラネタリウムであり、全国の学校に納入された。国産初の光学式プラネタリウムは、千代田光学精工のノブオカ式Ⅰ型である。光学式で、完全な年周機構を備え、全天を映し出す国産初のプラネタリウムは、五藤光学研究所のM-1である。

役割を終えた投影機は、貴重な歴史的技術資料として保管・展示されている。

科学技術の発達史上で重要な役割を果たしたり、生活・経済に大きな影響を与えたりしたものについて、その技術資料の登録・保護を行うため、国立科学博物館は重要科学技術史資料（未来技術遺産）を選定している。２０２1年には、この重要科学技術史資料に、東京海洋大学に設置された五藤光学製のM-1型や、山口県山陽小野田市の青年の家天文館で使用され、現在はコニカミノルタプラネタリウムが所蔵しているミノルタ製のMS-10、つやま自然のふしぎ館が所蔵する西村式プラネタリウムが選ばれた。国産プラネタリウムの技術が、日本の重要な技術のひとつと位置づけられたことを示すものである。古い投影機の持つ価値を知り、大切にしてほしい。

第6章　日本のプラネタリウムの歩み

１９３０年代に日本で最初のプラネタリウムが設置され、１９５０年代後半より国産プラネタリウムが製造されるようになった。プラネタリウムを設置した施設の開館数は１９８０年代にピークを迎え、以降は新規の開館は減少し、現在はリニューアルする施設が増えている。閉館した施設も含めると、日本国内ではこれまで約５００のプラネタリウムが設置されてきた。２０２３年10月現在では約３００のプラネタリウムがある。

現在の日本には、光学式のプラネタリウムを製作する国産メーカーが3社あるほか、デジタル・プラネタリウムや映像制作に関わる企業、クリエーターも多く存在する。年間のプラネタリウム観覧者は数百万人である。日本はプラネタリウムが社会に根付いた国である。非常に古いものから最先端のものまで、様々なプラネタリウムがあり、日本のプラネタリウムの歴史は大変興味深いものとなっている。本章では、第4章、第5章をおさらいしながら、その後の日本のプラネタリウムの歴史をながめていこう。

戦後復興と憧れの装置

１９２３年10月、ドイツ博物館でツァイスⅠ型が公開された。１９２５年にはドイツ博

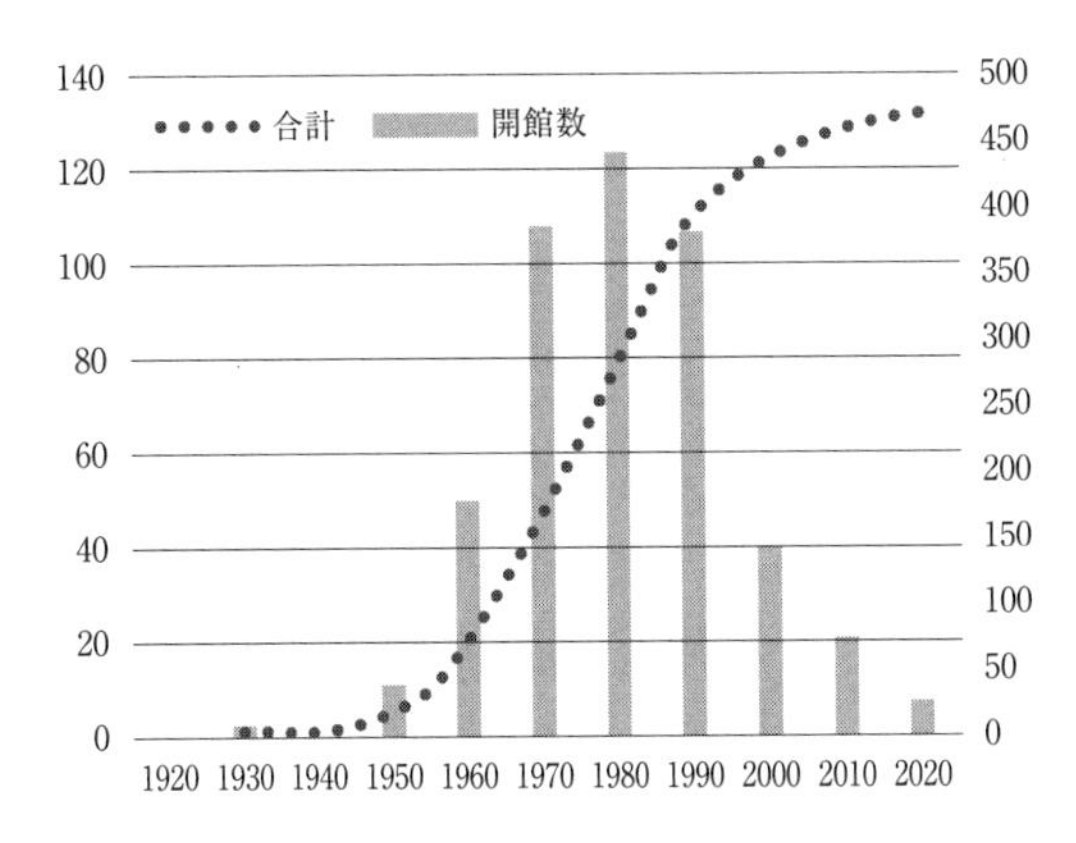

日本のプラネタリウムの開館数

物館で一般公開されイエナの驚異と呼ばれた。日本では早い時期からプラネタリウムが紹介された。科学雑誌には、プラネタリウムの記事が掲載された。プラネタリウムは人々の憧れの装置となった。

１９３７年、日本最初のプラネタリウムとして、大阪市立電気科学館に、１９３８年には東京・有楽町に東日天文館が開館し、それぞれツァイスⅡ型が設置された。いずれの施設も一般市民が多く訪れ、名所となった。東京のツァイスⅡ型は、第二次世界大戦の空襲により１９４５年に焼失してしまった。大阪のツァイスⅡ型は奇跡的に戦災を免れ、戦後の人々を勇気づける存在となった。

第二次世界大戦の復興の過程で、国民の間に文化に対する渇望が溢れ、天文普及に尽力する動きもでてきた。

1950年代は、各地で地域振興として博覧会が開催された時代だった。博覧会を契機として、旭川市天文台（1950年）、富山市天文台（1956年）、札幌市天文台（1958年）など、後の科学館建設の足掛かりになる公開天文台が作られた。1955年には企業や市民の寄付により仙台市天文台が建設されるなど、天文への人気は高まった。こうした情勢に加えて、人工衛星打ち上げによる宇宙ブームが沸き起こっていた。1951年、生駒山天文博物館が開館し、米国スピッツ社製のピンホール式プラネタリウムが設置された。

1957年、東京・渋谷に、天文博物館五島プラネタリウムが開館し、西ドイツのツァイス社からツァイスⅣ型初号機が納められた。ツァイスⅣ型は1962年に市立名古屋科学館（現・名古屋市科学館）にも設置された。1960年、明石市立天文科学館には東ドイツのツァイスイエナ社製のUPP23／3が設置された。ツァイスイエナ社が製作した小型タイプのZKP-1は1958年に岐阜プラネタリウムへ、1963年に旭川市青少年科学館へ設置された。各地のツァイス社製プラネタリウムは、それぞれの地で天文普及の重要かつ先駆的な役割を果たした。

ツァイス社のプラネタリウムに刺激を受け、1950年代には独自の国産プラネタリウムが開発されるようになった。1953年、金子功が開発したピンホール式プラネタリウムの1号機が名古屋市の東山天文台に貸し出された。金子は多くのピンホール式プラネタリウムを製作し、学校やデパートに販売した。１９５８年、千代田光学精工は信岡正典を招聘し、ノブオカ式プラネタリウムを開発し、甲子園阪神パークで開催された科学大博覧会に出品した。千代田光学精工は、ミノルタカメラ（後のコニカミノルタプラネタリウム）へと社名を変更し、本格的なプラネタリウム開発を行った。初期のミノルタ製プラネタリウムの特徴は、恒星球が端部に配置されたツァイス型の形状をしていることである。１９６０年代に開発されたＭＳ‐10は、国内外で設置されるようになった。

１９５９年、五藤光学研究所は東京国際見本市でレンズ投映式中型プラネタリウムＭ‐１を一般に公開した。特徴は、恒星球が中央に寄せられたモリソン型をしていることである。五藤光学研究所は大型のプラネタリウムＬ‐１も開発し、１９６０年には国際入札へ参加して、米国セントルイスへ輸出した。

量産には至らなかったが、これら以外にも複数のメーカーがプラネタリウムの製作を試みた。

１９５０～６０年代、日本政府は科学教育に力を入れる目的で、理科の教材を配置するための予算を用意した。こうした流れを受けて、小型の簡易なプラネタリウムが、天文学習用に多くの学校へ導入された。しかし天文学を指導できる専門の教員が少ないため、利用されなくなり、廃棄されるケースもあった。そのため教育センターのような場所と、地域の学校とで共有されるプラネタリウムも増えた。学習投影は増加し、全国的にプラネタリウム導入が活発化していった。

プラネタリウムの自動制御――オート番組の登場

プラネタリウムの基本的な投影スタイルは、生解説といって解説者が操作と説明をライブで行うものである。最初にプラネタリウムが誕生して以来、現在まで続けられている。1970年代以降にはコンピューターによる制御技術が進み、プラネタリウム投影機本体や補助投影機と、あらかじめ準備された録音テープとの連動が可能になった。このような機能を活用した投影をオート番組という。

1972年、神奈川県立青少年センターに、自動制御ができる五藤光学製GM-15-AT型が設置された。投影動作と音声を同期させることができた。

本格的にオート番組が用いられたのが、1978年に開館したサンシャインプラネタリウムである。東京・池袋のサンシャインプラネタリウムは、渋谷の五島プラネタリウムを強く意識した。五島プラネタリウムは学術的な生解説を基本としたが、サンシャインプラネタリウムはエンターテイメント性のあるオート番組を積極的に用いた。その背景には、自動制御が可能なミノルタ製MS-18ATの登場があった。

サンシャインプラネタリウムのオープニング番組のタイトルは「未知への出発(たびだち)」だった。

番組制作はミノルタが行った。担当した小川茂樹は次のように語っている。

「サンシャインシティ（サンシャインプラネタリウムが入る複合施設の通称）の全体として設けられたオープニングテーマがアメリカン・フェアーでしたので、それに合わせて、アメリカ大陸を発見したコロンブスの航海と、宇宙の謎を解明していく人類とを関連付けた番組内容にしました。ＪＡＬ（日本航空）提供のラジオ深夜番組、「ジェットストリーム」のパーソナリティとして人気のあった城達也（じょうたつや）がナレーションを行い、大きな話題となりました」

オート番組は、映画を観るような面白さを感じさせ、新しいファン層を開拓した。同館では五島プラネタリウムから移籍した藤井常義（ふじいつねよし）を中心に事業を展開し、気軽にプラネタリウムを見てもらうことによる天文普及の興味深い実践になった。

サンシャインプラネタリウムの登場は、多くのプラネタリウム関係者にインパクトを与えた。その後、各地に自動制御可能なプラネタリウムが普及していった。

１９７９年に開館した富山市科学文化センター（現・富山市科学博物館）は、開館当初からオート番組を積極的に取り入れた。当時の学芸課長で後に館長となる倉谷寛（くらたにひろし）は、日本博物館協会の会誌『博物館研究』（１９８０年5月号）に「プラネタリウムの新しい姿を求めて」という報告を寄稿している。その中で倉谷は「富山市科学文化センターのプラネタリウムは、今までのように天文館とか理工館の附属施設としてではなく、自然史を含めた

サンシャインプラネタリウム MS-18AT

科学博物館展示の中に有機的なつながりを持つものとして位置づけられている」と記している。倉谷は同館の開館準備を進めるなかで、従来のパターンにとらわれることなく、天文現象の多様な出来事と、日常的に見られる自然の星空の、両方へのアプローチの場としてふさわしいプラネタリウムを目指した。

富山市科学文化センターには、五藤光学が開発した自動演出可能なGMⅡ-ATが導入され、学芸員の渡辺誠（わたなべまこと）らが運用を担当した。自然史を含めた科学博物館の中にあるプラネタリウムということで、最初の番組は「地球46億年の歴史」をテーマにしたものとされた。プラネタリウムが天文分野を超えて隣接する学問に進出していく節目の、象徴的な番組といえる。ドーム空間での演出の幅を広げるオート番組の出現に伴い、プラネタリウムに天文だけでなく関連分野とのつながりを持たせる考え方が広がっていった。

富山市科学文化センターは、来館者の大半を親子連れが占めることを意識して、子どもでも分かりやすい番組の制作を目指した。学芸員はオリジナルのシナリオや絵コンテ、プログラムの作成から、撮影、マスキング処理、録音まで行い、多忙な日々を過ごした。五藤光学研究所は、プラネタリウムを納入した後も、科学文化センターへの番組制作のサポートに取り組んだ。番組据え付けまで一緒に行い、渡辺にとって、映画を共同制作している感覚だったという。

この頃からオート番組の需要が増え、ミノルタ、五藤光学の各社は自社内に番組制作部門を持つようになった。また、オート番組を制作する会社も登場し、プラネタリウムの新しい潮流が生まれた。番組作りが熱心に行われるようになった。ミノルタでMS-10の開発を行った一本善治はこの頃、番組制作に力を注いだ。和歌山市立こども科学館でプラネタリウムを担当した津村光則は「一本さんの番組は台本が良く、泣かせるストーリーで感動した。プラネタリウムの魅力の一つになったと思います」と語っている。オート番組の制作は高額になりがちだったため、共同制作したり、自前でオリジナル番組を制作するケースもあり、バリエーションに富むものになった。

世界初「スペースシアター型」の開発

従来、プラネタリウムの座席は全席が水平に設置されていた。米国では1970年代より映画館のように高低差のある座席を持つ傾斜ドーム「スペースシアター」が登場した。

１９７３年、カリフォルニア州サンディエゴにルーベン・Ｈ・フリート・スペース・シアターが開館したのが最初である。直径23メートルドームを25度傾斜させた形状で、中央にスピッツ社のピンホール式プラネタリウムのＳＴＳ（Space Transit Simulator）、後方にアイマックス社（ＩＭＡＸ）が開発した70ミリフィルムのドーム用映像システムであるオムニマックス（OMNIMAX）が設置されていた。

スピッツ社のＳＴＳは、直径１・２メートルの大きさをしたピンホール式で、約1万個の恒星を映し出した。そのうち約４０００個の星には個々にレンズが付属して、明るさの強弱が付けられ、自然な星空が表現された。ＳＴＳは、見た目はハリネズミのような姿で、ピンホールによる星はぼやけていたが、レンズを通した星は意外とシャープで、映像と合わせると不思議なバランスの良さがあったという。先進的なスペースシアター型のＳＴＳは性能に不十分なところがあったものの、星の投影と巨大映画を組み合わせたような宇宙ショーは大人気となり、ルーベン・Ｈ・フリート・スペース・シアターには年間40万人を越える観客が詰めかけたという。スピッツ社はＳＴＳの改良型であるスペース・ボイジャー（Space Voyager）も開発し、パリやシンガポールに納入した。

日本では、１９８０年代半ばに傾斜ドームに対応したプラネタリウムが開発された。きっかけは、１９８１年に神戸（こうべ）市で開催された神戸ポートアイランド博覧会（愛称・ポートピア'81）だった。同博覧会は、神戸港の人工島であるポートアイランドを会場に１９８１

GSS

インフィニウム

年3月20日から9月15日まで開催され、1610万人もの入場者数を記録した。ポートピア'81の成功は1980年代後半に起こる地方博覧会ブームを呼んだほどである。多くのパビリオンのなかに、神戸プラネタリウムシアターが設けられ、ミノルタ製MS-20ATが設置された。神戸プラネタリウムシアターは神戸市立青少年科学館となった。

パビリオンの中で最大の人気を誇ったのがオムニマックス・シアターである。巨大なドームのスクリーン全面に、19分間にわたり地球旅行の映像が映し出された。

このオムニマックス・シアターの映像制作にあたり、小中学生の意見を参考にするため、子ども100人委員会が設けられた。個人的な話で恐縮だが、兵庫県に住む筆者はこの委員会に参加した（何をしたかはよく覚えていないが、会議中に出されたイチゴケーキはおいしかった）。完成したオムニマックスを見学した際に、大迫力で腰が浮く感覚を味わった。上映後に感想文の提出を求められたので、「地球にとどまらず、宇宙に飛び出してほしい」と書いた。子どもの戯言（ざれごと）のようなものだが、どうやら多くの人が同様のことを期待したようだ。以降の科学館の新設にあたり、プラネタリウムと大型映像を併用する需要が生まれ、これがスペースシアター型のプラネタリウム開発への大きな推進力となった。ミノルタと五藤光学はそれぞれ独自の開発をおこなった。開発は急ピッチで進んだ。1984年には横浜（よこはま）こども科学館に五藤光学のGSSが、1985年には科学万博つくば'85のプラネタリウム館（現・つくばエキスポセンター）にミノルタのインフィニウムが設置された。

スペースシアター型のプラネタリウムでは、恒星と惑星の投影機を分離させ、それぞれをコンピューターで制御する。この技術を確立させるまでには、困難がともなった。地上では北極星を中心に星空が回転して見えるが、地球を離れ宇宙に飛び出すと、回転は様々になる。天王星の上に立てば、星空はへびつかい座のη(イータ)星を中心に回転するように見え、ハレー彗星に乗って眺めれば、星空はこぐま座のγ(ガンマ)星を中心に回るように見える。スペースシアター型のプラネタリウムでは、このように、任意の星を中心にして自由に星空を回転させられる機能が求められた。また各惑星の運動は、宇宙空間のどこから見るかで大きく変わる。例えば、太陽系の真上から眺めれば、各惑星は太陽を焦点として楕円(だえん)運動する。太陽系の真横から見れば、各惑星は太陽を中心にして左右に往復運動する。どのような運動にでも対応できるように、視点の位置と像の向きを自由に変えられるようにしなければならない。

当時、五藤光学で開発の中心にいた児玉光義(こだまみつよし)は次のように述べている。

「日周、緯度、架台回転の3つの軸だけでは、ドーム上の任意の星を中心にして星空を回転させることはできません。これは開発の当初から分かっていました。我々はもう一つの軸、つまり歳差軸を用いてそれらを回避する方法を考えました。GSSは、これまでのモリソン型のプラネタリウムから惑星棚を取り除いた恰好をしています。こうした工夫を積み重ね、長年の夢だった宇宙型（スペースシアター型）プラネタリウムを世界で初めて開発できました」

当時、ミノルタの開発部門にいた鈴木孝男は次のように語る。

「従来の形の投影機とは違う、新しい技術を開発しました。惑星棚を離して配置するために、三菱電機が別の目的で開発していた技術を利用できたのは幸運でした。当時最先端のミニコンピューターを使って、惑星投影機を正確な位置に向けることができるようになりました。様々な新技術を組み合わせ、世界初の1球式プラネタリウムを実現できたことは大きな喜びでした」

両社が開発したスペースシアター型プラネタリウムは、それぞれに世界初の要素を持っており、国産プラネタリウムが世界トップレベルの技術に到達したことを象徴した出来事となった。以降、新設の大型館ではスペースシアター型のプラネタリウムが多く設置されるようになった。

バブル期の急増と新たな課題

1980年代後半、日本経済は空前の好景気となった。いわゆるバブル景気である。その波にのって自治体でも多くのプラネタリウムが建設されるようになった。スペースシアター型プラネタリウムが次々に設置され、最先端の機能が盛り込まれた。一方で、ハコモノ行政にありがちな、華々しく開館しながらその熱意が持続しない問題も生じてきた。

１９９３年、『教育のためのプラネタリウム』という冊子が出版された。これは、天文教育普及研究会（現・日本天文教育普及研究会）のプラネタリウム・ワーキンググループによるものだ。同研究会は学校や社会教育の現場で天文教育に関わる人たちが結成したもので、各施設の解説者やメーカーの担当者など、１９９０年頃プラネタリウムで活躍した若手からベテランまでの錚々たるメンバーが集結した。

代表世話人は山田卓、執筆者として、新井達之、出雲晶子、伊東昌市、岩下由美、加藤賢一、鳫宏道、国司真、高畠規子、高部哲也、田部一志、中田美智世、林美秀、本間隆幸、松原理恵、小野夏子、山田陽志郎、そして協力者として、井上幸子、岩上洋子、小野智子、加藤治、加藤誠一、木村直人、小林昭彦、小山芳久、佐藤明達、沢村泰彦、庄司豊子、高橋博子、永田美絵、橋本悦夫、三島和久、山本聡美、岡田徹たちといった名前が並んだ。

冒頭で代表の山田は次のように述べている。「新しいプラネタリウムが、大型化、傾斜ドーム化、内容のＳＦ化、大型映像との併用、多目的ホール化、解説の自動化など、皆同じパターンで建設・運営されるという点が気になります。歓迎できる点も大いにあるのですが、プラネタリウムを天文教育機関と考えますと疑問を感じる場合があり、日本の天文教育の未来に期待するなら、再考も必要と考えられる点も少なくありません」。メンバーはこのような問題意識をもち、社会教育や学校教育において、よりよいプラネタリウムとは何か？　ということについて手探り状態で議論を重ねた。

冊子の構成内容は、「プラネタリウムの生まれと育ち」「日本のプラネタリウム事情」「プラネタリウム設置のポイント」「社会教育目的の館の仕事」「学校教育目的の館の仕事」「プラネタリウム担当者」「プラネタリウム内の設備」「プラネタリウム館の必要設備」「プラネタリウム運営に必要な資料」「付属施設・天文台」などとなっている。プラネタリウムの活動に必要なことが丁寧にまとめられているとともに、当時のプラネタリウムの状況をうかがうことができる貴重な資料だ。本企画の中心人物の一人が田部一志である。田部は木星の観測家として知られるアマチュア天文家で、プラネタリウムメーカーに在籍していた。田部は、素晴らしい天文教育の装置であるプラネタリウムが安易に設置される状況に心を痛めていた。田部は「プラネタリウム設置のポイント」の章で次のように述べている。

近年、ドームの直径と都市の人口比は年を経るにつれ大きくなりつつあります（引用者注・小さな街に大きなプラネタリウムが設置されているという意味）。これは二つ理由が考えられます。一つは傾斜型のプラネタリウムを設置する館が増えたことです。傾斜型プラネタリウムでは保安上通路面積を大きくするため、同径のフラット型プラネタリウムに比べ座席数が少なくなり、大きなドームが必要となります。

もう一つは、隣町のプラネタリウムより少しでも大きいものが欲しいという人情が働くようです。大きさ競争ほど愚かなものもなく、的確な規模の設定が望まれます。不必要に大きいドームを作ると、

・膨大な空調費がかかる。
・補助投影装置に、明るい光源をもつ高価な機種が必要になる。
・暗い光源の機種を使うと、映像が暗く、貧弱になる。
・小型ドームに比べ、光熱費がかかる。椅子、絨毯（じゅうたん）などの保守費用もかかる。
・入館者に「いつもガラガラ…」という印象を与える。

などの欠点が生じ、現在問題になっています。

（中略）

今や、新しい館や買い換え機は、ほぼ皆オート機といって差し支えないでしょう。この背景には、生解説ができる人材が採用し難い、複雑で目新しい演出が期待できる、担当者が変わっても均質なプラネタリウム投影が確保される等の理由があげられます。音声はテープから、機械は自動運転という投影内容には観客と解説者の間に当然あるべき心理的交流はできません。しかしオート番組では、人間の2本の手では到底演出できない速く複雑な動きや、多くの補助投影器を組み合せた構成が可能です。オート投影のことを番組と呼ぶようになったのも1970年代からでしょう。

また、解説者が解説する場合には不可能だったドラマ仕立ての番組、興味付けに充分配慮した構成を持つ、幻想的で凝った番組制作も可能になってきています。こうなると番組制作者の技量が問われることにもなり、その担当者は天文の知識のみならず、番組構成の知識、ドラマの展開への興味関心なども必要な要素になってきました。

近年ではオートの機械であってもマニュアル操作はマニュアル専用機と同じにできるようになっているため、オートとマニュアルの持つ良いところを組み合わせて番組を作る館が増えてきました。機械はプログラムされた通りに動き、生解説にあわせてキュー信号で次に進むという方式がよく使われており、一見マニュアル投影風です。

今後はオート、マニュアル間の垣根は低くなり、双方の長所を生かし、組み合わせて特色を出す演出が増えて行くものと思われます。

技術進歩への期待も書かれた。同書で山田卓は次のように述べている。

20世紀後半になって、まったく新しいプラネタリウムがアメリカのエバンス・アンド・サザランド社で誕生した。コンピュータ・グラフィックスで描かれた星空を、そのまま魚眼レンズで投影するという画期的なプラネタリウムだ。『デジスター(DIGISTAR)』と名付けられ、すでにアメリカでは、ピッツバーグ、フィラデルフィア、ソルトレイクなどの科学館で活動を始めている。これまでのプラネタリウムにできなかった恒星の動きも自由自在に表現でき、固有運動はもちろん、恒星間旅行も、準光速で飛ぶロケットから見える光行差すら簡単に見せられる。シャープさに欠ける星像などいくつかの問題を抱えてはいるが、未来の可能性は大きい。

ドイツのツアイス社では、恒星一つずつを光源から引っぱったグラスファイバーを使って投影することで、直径100メートルのドームでも十分輝くほどの明るい星像をつくることに成功した。21世紀のプラネタリウムはますます面白くなりそうだ。

1990年代前半は、プラネタリウムの新しい技術開発が普及する前夜でもあった。「デジタル・プラネタリウムの誕生」と「美しい星空の表現の探求」が、次の時代を作っていった。

革命的なデジタル式プラネタリウムの誕生

星をドームに投影する投影式プラネタリウムは、ツァイス社が開発したレンズによる鋭い星像を映す「光学式（レンズ式）」とスピッツ社や金子が製作した簡易な「ピンホール式」に分けられる。1980年代になり、新しい方式「デジタル式」が登場した。

1983年、米国エバンス・アンド・サザランド社（E&S）は、デジタル・プラネタリウム「デジスター」を開発した。デジスターは、コンピューターがモニターに描く映像を魚眼レンズでドームに投影するという仕組みで、革命的なプラネタリウムの誕生だった。デジスターを制作したE&S社は、フライト・シミュレーターなどコンピューターグラフィックスの分野で知られる企業である。同社がNASAの宇宙飛行士訓練のコンピューターによるシミュレーターを開発する過程で、開発メンバーであったCG技術者のスティーブ・マカリスターとブレント・ワトソンが、シミュレーターの技術をプラネタリウムとして使うことを発案した。事業化はE&S社がおこない、同社のジェリー・パネックが中心となり、新技術の発展と普及に尽力した。恒星のデータは、最新のエール大学の恒星カタログが使われた。カタログの情報には9000個以上の星の位置、明るさ、距離のデータが含まれていたため、これを元に宇宙空間の位置により星々の位置関係が変わり、星座の形が変わっていく様子も表現できた。当初の画質は粗かったものの、恒星原板を使った従来の光学式プラネタリウムでは表現できない投影が可能になった。

たとえば、北斗七星の形は恒星の固有運動により、数万年経過すると現在地上から見えている形と変わる。デジタル・プラネタリウムではこのような変化を再現することが可能となる。また、太陽系を飛び出し銀河系を旅行すると、地球から離れるにつれて星座の形が変わっていく。デジタル・プラネタリウムでは、誰も見たことのない地球外の視点移動

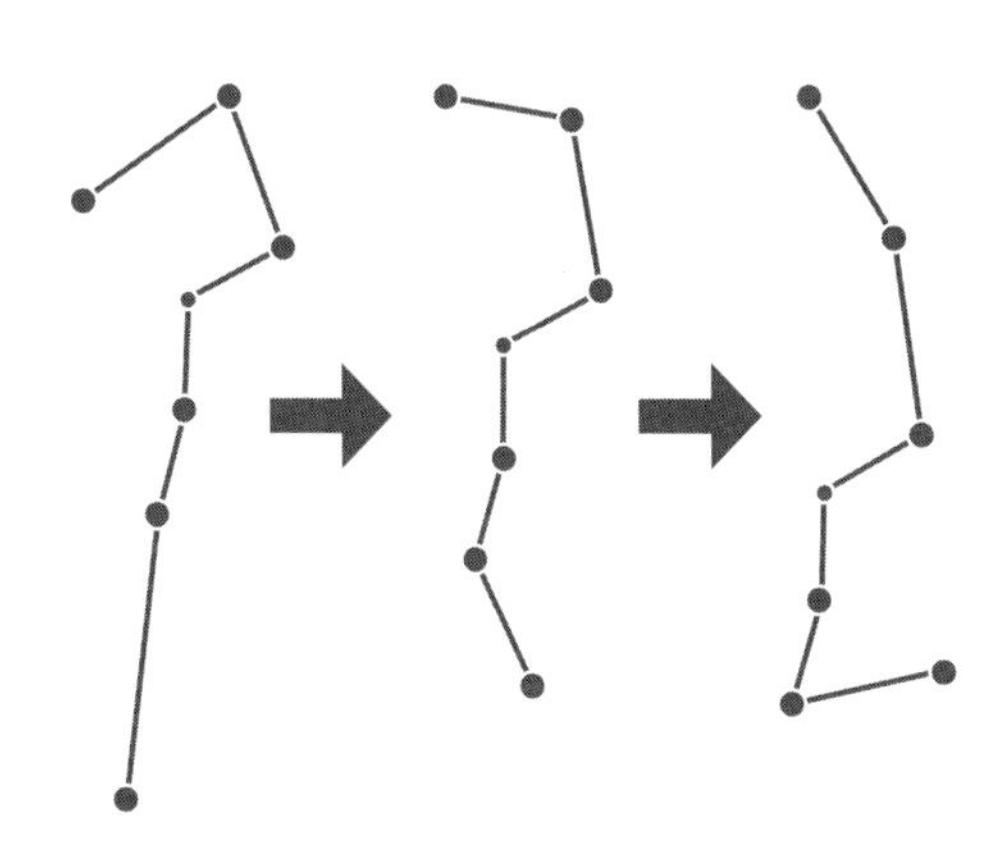

北斗七星の形の変化

も体験できるようになった。これらは従来のプラネタリウムとは異なる革新的なものだった。デジスターの技術は、先行的に1982年公開の長編映画「スター・トレックⅡ：カーンの逆襲」で使用され、パネックの名前がクレジットに登場した。初号機は、1983年に米国リッチモンドのバージニア科学博物館に設置された。

日本のプラネタリウム関係者で最初にデジタル・プラネタリウムに触れたのは、杉並区立科学館に長く勤務し、国内外のプラネタリウムの事情に精通する伊東昌市だ。伊東はプラネタリウムの歴史をまとめた書籍『地上に星空を』を1998年に発行し、プラネタリウムの歴史をまとめた。同書で、伊東は当時の驚きを次のように生き生きと記述している。

私はアメリカのプラネタリウムを調査するため、1982年に初めて渡米しました。（中略）出発直前になって、突然ワシントンのスミソニアン航空宇宙博物館から電報が届きました。文面は日本語に直すと『アナタガアタラシイプラネタリウムノコトヲシリタイノナラ、リッチモンドニケンセツチュウノ、カガクハクブツカンニスエツケラレル、デジスターⅠヲケンガクスルコトヲススメマス』となっています。『デジスターⅠ』とはいったい何なのか？初めて目にする名前を理解できませんでしたが、何か尋常でないものを感じ、急いで旅行社に電話して、訪問地にヴァージニア州リッチモンドを加えたのです。（中略）グッチ博士（注：米国自然史博物館ヘイデンプラネタリウム館長）はそれが驚くべき装置であり、プラネタリウムの将来を変える可能性も秘めていることを教えてくれました。

説明を聞いた伊東は「にわかには信じ難い話でした」と当時を振り返っている。伊東は、現地でパネックから直々に案内を受けたが、この時まだデジスターの設置が遅れていたため見学できなかった。伊東は4年後に機会を得て、実機を見学することができたという。

デジスターは、オランダ・ハーグにあるヨーロッパ初のスペースシアターであるオムニバーサムをはじめ、米国セントルイスのマクドネル・スター・シアター、フィラデルフィアのフェル・プラネタリウムの各施設へ古いプラネタリウムの更新機として納入され、デジタル・プラネタリウムが世界各地に普及していった。

日本にデジスターがやってきたのは1992年である。東京都町田市東急まちだスターホールで、日本初のデモンストレーションが行われた。集まったプラネタリウム関係者は、これまでにない自由な表現力に驚き、プラネタリウムの未来を変える新しい技術に大きな可能性を感じた。名古屋市科学館の毛利勝廣は「大変強烈な印象を受けました。星々が個別に動き、線画のCGがなめらかにその形を変えていくことでドーム空間に広大な奥行きが感じられたのです」と当時の衝撃を語る。

1996年、五藤光学研究所は、デジタル・プラネタリウム「バーチャリウム」を発表した。このシステムは、コンピューターによるリアルタイムの映像生成だけでなく、動画の再生も可能にした。これが後に全天周映像が多く作られる際の土壌となった。

ジェミニスター

これにメーカー各社追随し、複数のプロジェクター同士の境界を目立たなくする技術開発に取り組み、独自のデジタル・プラネタリウムを発表した。E&S社のスター・ライダー、スピッツ社のエレクトリック・スカイ、ツァイス社のADLI

P、アメリカで補助投影機のメーカーとしてスタートしたスカイスキャン社のスカイ・ビジョンなどである。

光学式とデジタル式を組み合わせたシステムも発表された。1994年、ミノルタ米国法人の佐々木孝助（コージー・ササキ）は、デジスター（デジタル）とインフィニウム（光学式）を組み合わせたシステムを考案した。これはジェミニスターという名前で、米国フロリダのBCCプラネタリウムに設置された。ジェミニスターは、国際プラネタリウム協会で紹介され、大きな話題になった。日本では1997年に静岡県焼津（やいづ）市のディスカバリーパーク焼津天文科学館に納品された。

デジタル式の普及と全天周作品の充実

デジタル・プラネタリウムは、オムニマックスのような大型フィルムの映像装置に比べて設置が容易であり、低コストであった。さらに、コンテンツがデジタルとなったことで扱いも容易になり、それまで補助投影機で行われていた演出もフォローできた。このような理由から、自然にデジタル式が普及した。デジタル・プラネタリウムの普及により、多くの良質なデジタル投影による全天周の映像作品が制作されるようになった。

本格的な作品の例としては、アメリカ自然史博物館が制作した「パスポート・トゥ・

銀河鉄道の夜

ザ・ユニバース」（2000年）がある。地球を飛び立ちオリオン大星雲を経由しながら宇宙の果てに向かうというもので、日本では大阪市立科学館で初めて上映され、観客に大きなインパクトを与えた作品である。

映像作家KAGAYAが2006年に発表した「銀河鉄道の夜」は、宮沢賢治（みやざわけんじ）の『銀河鉄道の夜』を映像化したものである。池袋のサンシャインプラネタリウムを引き継いだコニカミノルタ直営館のサンシャインスターライトドーム〝満天（まんてん）〟で上映された。「銀河鉄道の夜」はロングセラーとなり、総観覧者は100万人を超えている。商業ベースにおけるプラネタリウムの成功の新しい道筋を示した。

上坂浩光（こうさかひろみつ）が監督し、2009年に発表した「HAYABUSA-BACK TO THE EARTH-」

は、小惑星探査機はやぶさの打ち上げから地球帰還までの、一連のミッションを追う作品だ。この作品は、ミッションの最終段階前に大阪市立科学館と茨城県の日立シビックセンターの2館で上映された。現実の探査機は、ミッションの途中で多くの危機に直面しながらも、最終的に2010年6月に、カプセルが地球に帰還し、作品通りの展開となった。はやぶさ本体は大気圏で燃え尽きたが、ミッション終了後はその場面が追加されさらに話題になった。好評のため日本各地へ上映館が広がっていった。多くの日本国民がその奇跡的な意味を理解し、はやぶさのブームまで巻き起こったのは、この作品によるところが大きい。

2010年に、国際科学映像祭が国立天文台で開催され、日本を中心に天文・宇宙関連だけでなく多様な全天周映像作品が上映された。国際科学映像祭は毎年開催され、日本のドームコンテンツが、アジア圏を中心に国際的にも注目を集めるようになっている。

デジタル・プラネタリウムでは、星空から宇宙の果てまで、任意の時間、場所の宇宙の姿を描き出すことができる。そのために必要なソフトウェアをスペースエンジンという。

開発では、まず、宇宙における天体の大きさと配置を設定する。次にどこから見ているかという視点を決める。視点が地球上にあれば、星空を表現していることになる。地球上での位置を変えれば、場所による星の見え方の違いを表現できる。

宇宙空間に飛び出せば、宇宙から見た星空になる。太陽系の中なら星座はほとんど変わ

HAYABUSA —— BACK TO THE EARTH

らないが、太陽系を飛び出すと、星座の形が変わってくる。演出上は、地上から見た星空と宇宙空間を切れ目なく連続して視点移動するようにしたい。ただし、宇宙のスケールは極めて大きい。コンピューター内で扱える精度に限界もある。あまり変化がない場面では、表現の精度を落としたり、ズーム速度を速くするなど、工夫する必要がある。そこにはどこを正確に再現しどこを省略するかという、開発者やユーザーの哲学ともいうべき考え方が反映される。外からは見えにくい部分だが、デジタルならではの興味深い点である。

２０００年代以降、国産のスペースエンジンや全天マッピングシステムが高幣俊之（たかへいとしゆき）、上山治貴（かみやまはるき）、加藤恒彦（かとうつねひこ）ら優れた開発者によって生み出された。２００７年、国立天文台三鷹（みたか）キャンパスには、特別なメガネを装着して立体

LEDドーム 満天NAGOYA

的な宇宙空間を体験できる、4D2Uドームシアターが設置された。2007年、葛飾区郷土と天文の博物館のプラネタリウムには、コニカミノルタが開発したスカイマックス(SKYMAX)DSⅡ-R2が設置された。スカイマックスDSには、米国のアメリカ自然史博物館がNASAの協力で制作した3次元宇宙地図であるデジタルユニバースが組み込まれており、ビッグバンの名残とされる宇宙背景放射の電波地図も表示できるようになった。同館の新井達之が中心となって制作された「かつしかから宇宙へ」というオリジナル番組は、デジタル・プラネタリウムによって描かれた宇宙の果てまでの映像と、光学式投影機による星空、そして生解説がそれぞれフル活用された意欲作で、一般向けのニュースでも取り上げられるなど大きな話題となった。

デジタル・プラネタリウムにおいて、映像作品を映し出す場合と、星空を投影する場合では、プロジェクターのセッティングが異なるため、映像用（階調を豊かに明るく見せる）と星空用（コントラストを高くして背景の黒さを確保する）にそれぞれ別のプロジェクターを設置する館もある。

さらなる技術革新として、ドームスクリーンに埋め込まれたＬＥＤが映像を作り出す自発光ドームも登場している。２０２１年10月にコニカミノルタが開館した満天ＮＡＧＯＹＡに、日本で初めて設置された。

海外では、デジタル・プラネタリウムが日本以上に急速に普及しているようだ。専用の大型施設も作られ、２０１７年にロシアのサンクトペテルブルクでは、プラネタリウムワン（Planetarium 1）という直径37メートルのドームシアターがオープンした。２０２３年に米国ラスベガスで建設されたＭＳＧスフィアでは、１５０メートルもの直径の巨大ドームにＬＥＤが取り付けられている。将来のプラネタリウムの可能性を感じさせるものだ。

美しい恒星をいかに表現するか

美しい星空はプラネタリウムの魅力である。デジタル・プラネタリウムは描画の自由度に優れているが、星の美しさでは光学式にはなかなか及ばない。プラネタリウムメーカーでは、光学式プラネタリウムによる美しい恒星の表現の追求が続けられてきた。

光学式プラネタリウムで、リアルで美しい星空のカギになるのが、光源と恒星原板だ。恒星原板は金属などの薄膜で、恒星の配置に合わせて小さな穴が開けられている。ツァイスI型で開発された技術だ。1980年代後半、東ドイツのツァイス・イエナ社の開発陣は、恒星原板の背後から光ファイバーを通じて恒星一つ一つを光らせ、鋭い星の光を表現する技術を開発し、1988年にフィンランドのユーレカ・フィンランド・サイエンスセンターに設置された。西ドイツのツァイス社では、ツァイスⅥ型の惑星棚を外して1球式にしたツァイスⅥ TD型を開発し、1989年にデンマークのチコブラーヘ・プラネタリウムに納めた。

ベルリンの壁が壊れ、1990年に東西のドイツが統一した。これに伴い、長らく別々の道を歩んでいたツァイス・イエナ社とツァイス社が統合された。新生カール・ツァイス社は光ファイバー技術を使ったツァイスⅦ型を開発し、1993年にドイツ博物館の技術広場館へ納めた。1996年には光源をパワーアップさせ、よりシャープな星像を表現したツァイスⅧ型を開発した。

五藤光学研究所は、光源を恒星原板ごとに配置して、恒星の輝きを強くする技術を開発し、五藤光学として初の1球式の機種となるGSS-HELIOS（ヘリオス）を発表した。恒星は2万5000個まで表現した。中央に電球を置くのではなく、各恒星投影ユニットが光ることから、従来電球が置かれた恒星球の中央付近に部品を配置するなどの自由が生まれた。GSS-HELIOSの1号機は、1992年に岡山県の倉敷科学センターへ納められた。GSS-HELIOSは150Wのハロゲン球（ハロゲンガスが封入されたタングステンランプ）を用いた。ハロゲンランプは、それまで利用されていたタングステンランプより長寿命で明るく長い利用でもランプが暗くなりにくいが、大型のドームに対応させるため開発されたのが、3500Wのメタルハライドランプ（放電ランプの一種）の光源を用いて3万8000個の恒星を投影できるようにしたSUPER-HERIOSである。2000年に1号機を徳島県の子ども科学館へ納入した。

ミノルタは、インフィニウムを改良した。光源にはそれまで利用されていたタングステンランプではなくハロゲンランプを採用し、サイズ展開も充実させた。直径18メートル以上のドームに対応する投影機はインフィニウムα、16〜18メートルではインフィニウムβ、10〜16メートルではインフィニウムγと呼ばれた。インフィニウムαは1989年に大阪市立科学館へ、βは1990年に愛知県の豊橋市視聴覚教育センターへ、γは1992年に滋賀県の大津市科学館へ、それぞれ1号機が納入された。

1998年に、大平貴之は、当時世界最多となる約150万個の恒星を投影できるメガスターを開発し、国際プラネタリウム協会（IPS）で発表した。モヤのように表現されていた天の川を、世界で初めて個別の微細な星の集まりとして表現したものだった（詳細は第5章を参照）。その後、大平貴之は大平技研を創業し、恒星の数を飛躍的に増やした発展型のプラネタリウムを発表した。人工衛星による観測データを元として、天の川を数百万〜数億の恒星の集合として表現する手法は、トレンドの一つとなった。

２００４年、大平が製作したメガスターーⅡコスモスが日本科学未来館に設置された。メガスターーⅡコスモスは５６０万個の恒星を映し出した。

コニカミノルタは、光源として色温度の高いメタルハライドランプを採用するとともに、光ファイバーで恒星の明るさの微妙な差や、固有の色調を忠実に再現できる機種を開発した。この機種はインフィニウムＬ、インフィニウムＳと呼ばれた。Ｌは直径18メートル以上、Ｓは直径18メートル以下のドームに対応した。恒星の数は、１万５０００〜２万９０００個で、天の川は星の集まりで表現し、約35万個の恒星が映し出された。インフィニウムＬは２００４年に大阪市立科学館、インフィニウムＳは２００５年に米国ディアンザカレッジに初号機が納入された。

２００７年、五藤光学は、約20万個の天の川を微細な恒星の集まりとして表現したケイロンを開発し、鹿児島市立科学館へ初号機を納めた。

この時期から、光源のＬＥＤ化の研究が進められた。

２００９年、ＬＥＤ光源を採用した大平技研のメガスターーⅡＢが神奈川工科大学厚木市子ども科学館に、２０１０年にはメガスターーⅡＡが山梨県立科学館にそれぞれ初号機が納

メガスターⅢFUSION

められた。2012年、五藤光学はケイロンⅡを開発し、多摩六都科学館に設置した。ケイロンⅡは、LED光源を持ち、約1億4000万個の恒星を表現した。五藤光学は2014年にケイロンⅢを開発し、四日市市立博物館に1号機を設置した。2022年に、はまぎん こども宇宙科学館（横浜こども科学館）へ納められた大平技研のメガスターⅡAや、2023年に東大阪市立児童文化スポーツセンター（ドリーム21）に納められた五藤光学のケイロンⅢは、最新の人工衛星データを用いて、10億を超える恒星を表現している。

一方で、恒星数を肉眼で見える数に絞り、星像のシャープさとコントラストを確保することによって実際の星空に近づけるという方向性もある。

ツァイス社は、広角レンズを利用し、全天

を12分割したスターマスター（STARMASTER）を発表した。日本では、スターマスターは２００５年に旭川市科学館へ納められた。２０１１年には小型のＺＫＰ-４が宗像ユリックスに、大型のツァイスⅨ型が名古屋市科学館に設置された。恒星の数は従来と同じ約９０００個で、光ファイバーの技術による星のシャープさが特徴である。ツァイスⅨ型は２０１１年時点では、世界最大の直径35メートルドームに美しい星を映し出した。

　コニカミノルタプラネタリウムのインフィニウムΣは、インフィニウムのＬＥＤ光源化した機種と位置づけられる。漆黒の空に輝く星と高精細な星雲・星団、天の川の再現などを目指した。映し出される恒星は約９０００〜2万７０００個である。２０１５年、プラネタリウム〝満天〟in Sunshine Cityに設置された。

　デジタル式と光学式の両者を活かす開発も各社ですすめられている。大平技研のメガスターⅢフュージョンは、任意の恒星を消すことができ、全天デジタル映像と重なる部分に星が出ないという画期的なシステムとなっている。２０１２年に川崎市青少年科学館（かわさき宙と緑の科学館）に導入された。

　美しい星空はプラネタリウムの大きな魅力である。今後も光学式の美しい星空は求められていくことだろう。

天の声はどこから聞こえる？

プラネタリウムでは独特の音響効果がある。ドーム全体を包み込むようなBGM、天から降るような解説の声、これらはどこから来るのだろう。答えは「ドームスクリーンの裏側」である。プラネタリウムにおいては音響は極めて重要で、この分野には多くの工夫が凝らされている。

プラネタリウムドームは、プラネタリウムの象徴である。それでいて建築物としての自己主張と、実際に投影するときの気配の消え具合のギャップはとても大きい。プラネタリウムを見ている人にはドームの存在を意識させないことが重要である。こうした特性を持つプラネタリウムドームにはいくつかの要件がある。

まず星をよく反射すること。星の光をしっかりと反射させて輝かせることは必須である。自然とドームの色は白色の系統となる。デジタル投影の普及した現在は映像も映し出される。反射がきついと迷光といって、光が回り込んでくる。迷光はできるだけなくしたい。すると、真っ白よりもグレーの方が映像には良いということになる。

ドームが反射するのは光だけではない。音も重要なポイントである。かつてドーム内部には漆喰（しっくい）が塗られていた。ところが漆喰では音の反射がとても酷（ひど）くなる。初期の頃、音響はよくなかった。音響効果を考慮して、ドームには音を吸うような仕組みが施された。リネンが用いられるようになったが、今度はシワができやすいという問題が発生した。

１９５０年代になりドームの素材にはアルミにたくさんの穴を開けたアルミパンチングボードが用いられるようになった。穴は音の出口である。大きさは直径１ミリで、開孔率は10％程度のことが多い。裏に回った音の吸収のために、グラスウールを配置する場合と空間を広く取る場合がある。メーカーによって異なるが、グラスウールを配置する場合の開孔率は８〜20％ほどである。パンチングボードの開孔率と塗装の反射率の組み合わせでドームの白さが決まる。映像用プロジェクターが非力なときは、ドームの明るさで映像が見えづらくなるため、映像主体になる施設では反射率を下げるように設計する。最新機のように恒星が小さいとアルミパンチングボードの穴から光が逃げるため、苦慮するケースもある。ドームの目地をなくす工夫も必要だ。

スピーカーの配置も重要である。ドーム内で星や映像を見ているとき、人の音への感覚は研ぎ澄まされる。初期の頃は座席の床面にスピーカーが置かれたが、今日では音響効果を考慮し、ドームスクリーンの裏側に複数配置されることが一般的になった。また、ステレオやマルチチャンネルの音を出し、音像移動や迫力ある演出に使用されている。スピーカーの位置はスクリーンの裏以外にもあり、足元や、投影機周辺、あるいは各座席を狙ったモノラルを採用するなど、工夫が凝らされている。

ドームスクリーンの製作や運用には様々なノウハウがあるのだ。

幻想的な星座絵の投影

星に合わせて映し出される星座絵は、プラネタリウムの印象的に残る場面だ。ほとんどのプラネタリウムでは、星座絵を映し出す専用の投影機が設けられている。古くはツァイスⅡ型で、20種の星座の絵が入った星座絵投影機が用意されていた。カラカラと回転させて必要な星座の絵を映し出すので、回転星座絵投影機とも呼ばれた。星空にうっすらと星座の絵が浮かぶ様子は幻想的であり、プラネタリウムならではの演出となっている。星座絵投影機は本体に付属させたり、一度に広い範囲を映し出したり、様々に工夫されてきた。

こうした補助投影機は、高い演出効果をもたらすことから、プラネタリウムが登場した初期の段階から様々な種類が作られてきた。本体投影機の機能を補うものとしては、星座絵投影機以外にも、流れ星を出現させる流星投影機、日食や月食を再現する日月食投影機、彗星投影機、太陽系投影機などがある。

1980年代になり、オート番組が広がると、補助投影機が重要な役割を果たした。スライド投影機が多用され、地平線の風景を表現したり、物語を紙芝居的に進行させたりした。スライドをズームさせたり、向きを縦横に移動させたりするズームライト投影機も作

ポインターを使って解説するようすと、はくちょう座の星座絵

られた。雷やオーロラのような演出も加えられるようになった。1990年代後半になると、ビデオプロジェクターが普及し、マイクロソフト社のパワーポイントのようなプレゼンテーションソフトを利用した説明が行われるようになった。2000年代になり、デジタル・プラネタリウムが普及すると、補助投影機による演出はデジタルで行われるようになっていった。例えば星座の絵はデジタル・プラネタリウムで表現し、光学式プラネタリウムの星空に重ねるということが行われている。

星の説明を行う際に用いられるポインター（矢印）も重要な補助投影機である。ポインターは懐中電灯のようなもので映し出され、解説の担当者が手に持って、話をしながら目的の星の方向を照らすような形で操作する。

ポインターは観客の視線を集める役割があり、上手く扱えるようになるには時間をかけた練習が必要である。解説初任者には、矢印がふらついたり、振り回したり、無駄に点灯したりしないように指導がなされる。

解説者の立場では、ポインターなしで投影するのはとても難しい。途中でポインターのランプが切れるというハプニングに見舞われながらも、機転をきかせて乗り切った解説者のエピソードが知られている。かつて五島プラネタリウムで永田美絵は、投影中にポインターの電球が切れてしまうという事態に陥った。永田はポインターなしで解説しようとしたが、どうもうまくいかないため、星座絵のはくちょう座のくちばしを矢印代わりにして説明を行った。この投影回はロマンチックな音楽を中心とした内容のはずだったが、気ままに星空を飛びまわる白鳥の姿に、いつの間にか場内にクスクス笑いが広がったという。一番笑っていたのはイベントに観客として参加していた、東急まちだスターホールのプラネタリウム解説員、小野田淳子（おのだじゅんこ）だった。小野田は、重大トラブルをアドリブで軽やかに切り抜けた永田の力量に感嘆し、その様子を天文雑誌に紹介した。はくちょう座ポインター事件は、プラネタリウム担当者の間では広く知られた伝説的エピソードとなっている。

4機のツァイス、その後の物語

日本で最初にプラネタリウムを導入した大阪市立電気科学館は、戦災を乗り越え、52年間にわたり、天文普及の拠点となった。戦後のメンバーは、高城武夫、佐伯恒夫、神田壱雄、戸田文夫、岡本績、佐藤明達、菊岡秀多、黒田武彦、加藤賢一、川上新吾だった。菊岡はアマチュア天文家としても活動し、現役時代は日本天文同好会の会長、退職後は東亜天文学会理事長に就任するなど、アマチュアの活動を支えた。黒田は、天文学の普及には本物の星空が欠かせないと考え、閉館後は兵庫県立西はりま天文台に移籍、公開天文台の発展に尽くした。

黒田は天文学と市民をつなげる活動を重視した。その第一歩として加藤と協力して、1976年に「共に学び、共に考え、共に前進しよう」という理念を掲げた「大阪天文学研究会」を結成した。この会は一般市民を対象にし、プロの天文学者やアマチュアも交えて自ら研究を行うという、まさに市民科学としての活動を目指したのであった。黒田らが自主的に始めた活動は拡大し、1984年には電気科学館が運営する星の友の会の結成として結実し、市民と天文学をつなぐ役割を果たした。ソフィア・堺でプラネタリウムを担当した熊森照明は、次のように語っている。「私は1970年頃、高校時代よりプラネタリウムに通っていました。電気科学館の2階には集会室があり、アマチュア天文家の情報交換の場になっていました。佐伯さんに弟子入りし、惑星の観測について多く教わりました。プラネタリウムの星に感動したことがプラネタリウムの仕事に進む原動力になりました」。

電気科学館の伝統を引き継いだ大阪市立科学館は、1989年に大阪大学理学部の跡地である中之島に開館した。菊岡、加藤、川上に、嘉数次人（かずつぐと）、渡部義弥（わたなべよしや）が加わり、電気科学館の伝統を引き継ぎながら新時代の科学館を模索した。加藤は新しい科学館が博物館施設として機能できるように基礎を固め、のちに館長に就任した。プラネタリウムはスペースシアター型のミノルタインフィニウムαが設置された。1996年には大阪で国際プラネタリウム協会大会が開催された。同館プラネタリウムは、電気科学館の伝統を引き継いで生解説を基本としながら、最新トピックスを盛り込んだ全天周映像を自主制作するなど意欲的な取り組みを続けており、現在も日本を代表するプラネタリウム館のひとつとなっている。電気科学館のツァイスII型は、歴史の継続の象徴として、館内に展示されている。2000年には大阪市指定文化財に登録、2023年には日本天文学会・日本天文遺産として認定されている。

1957年に開館した五島プラネタリウムは、44年間にわたり運営された。初代館長は鏑木政岐（かぶらぎまさき）、2代目は山本忍（やまもとしのぶ）、3代目は村山定男（むらやまさだお）である。投影を担当する学芸課には水野（みずの）

良平、草下英明、河原郁夫、小高てる子、豊川秀治、大谷豊和、小林悦子、高橋朗、宮島達、鮫谷陸雄、中山武廣、増沢等、佐藤寿治、藤井常義、金井三男、村松修、木村直人、国司真、木村かおる、土川啓、永田美絵、重井美香が所属した。

１９９９年、五島プラネタリウムのある東急文化会館が耐震審査で不適格となり、建て替えが必要になった。最上階の五島プラネタリウムの事業を継続するかどうかという議論が行われた。東京にプラネタリウムを、という願いで作られた五島プラネタリウムは、その役割を果たしたという結論になり、２００１年3月11日に事業を終えることが決定した。

最後の1年間はお別れの期間となり、五島プラネタリウムを懐かしむ多くの来館者が集まった。最後のテーマは「天文学の将来」だった。ポスターには「いつまでも皆さんの心に残る星空でありますように」というメッセージが記された。

ツァイスⅣ型を含む、五島プラネタリウムの資料一式は渋谷区に寄贈された。ツァイスⅣ型は丁寧に分解され、渋谷区の五島プラネタリウム資料室に置かれた。資料室の職員となった元・五島プラネタリウム解説員の村松修は資料を保存管理するだけでなく、天文教室を積極的に行い、渋谷区における天文普及活動を継続させた。活動は、２０１０年、区立の施設としてコスモプラネタリウム渋谷が作られるまで続いた。村松は、同じ五島プラネタリウムで解説を行っていた永田美絵らとともに、コスモプラネタリウム渋谷の投影を担当した。東日天文館から五島プラネタリウムへと続くバトンは、コスモプラネタリウム渋谷に引き継がれていった。分解され保管されていたツァイスⅣ型は、再度組み立てられ、コスモプラネタリウム渋谷と同じビルに置かれ、歴史の継続の象徴となっている。星の会の会員の小川誠治は、「恩師である水野良平先生と五島プラネタリウムに敬意と感謝を込めて、渋谷区の許可を頂き年2回投影機の清掃をしています。仲間とともに五島プラネタリウムの功績を後世に伝える活動をしています」と語っている。

名古屋市科学館は建物の老朽化により、理工館と天文館を取り壊し、2011年に新しく建て替えることになった。天文館のプラネタリウムも新しく建設することが決まり、かつて山田卓が語った「プラネタリウムは大きいほど本物の星空に近づく」という理想の実現に向けて、世界最大のドームが計画された。巨大ドームには様々な技術的課題が生まれる。そこで学芸員の毛利勝廣(もうりかつひろ)が中心となって世界最大ドームにふさわしいシステムが設計された。性能評価による機種選定が行われ、世界最大というだけではなく最高性能のプラネタリウムが実現した。光学式投影機はツァイスⅨ型で、35メートルドームに鋭く輝く星空はかつてない臨場感となった。巨大ドームに見合ったシステムは個々に最高水準が要求された。高解像度デジタル・プラネタリウム、周辺風景を投影する高精細デジタル・パノラマ、レーザー投影機、高度な音響、ドームの継ぎ目を見えなくする照明装置、ガラス張りの遮音室など数多くの新技術が盛り込まれた。観客が空全体を楽に見渡せる独立回転シートも用意された。

名古屋市科学館　ツァイスIX型

水平床と同心円座席配列は従来と同じ、生解説も従来と同じで、巨大なシステムの中に開館以来の伝統がしっかりと受け継がれている。新プラネタリウムは、リニューアルした科学館の最大の目玉というだけでなく、名古屋の新名所になる盛況ぶりとなっている。

併設の天文展示室には、アイジンガー・プラネタリウムのレプリカや、過去に活躍した金子式プラネタリウム、デジスターⅡなどが展示され、プラネタリウムの歴史をたどることができる。それまで活躍したツァイスⅣ型は展示室で動態展示がなされている。

明石市立天文科学館は、1995年1月17日に発生した兵庫県南部地震によって引き起こされた阪神淡路(あわじ)大震災で、壊滅的な被害を受けた。天文科学館のある明石市東部は、震源地から数キロメートルしか離れておらず、震度7クラスの揺れに見舞われたと推定されている。時計は地震発生時刻である5時46分で止まり、館内は見るも無残な状態だった。ところがプラネタリウム投影機は奇跡的に無事だった。直立させる姿勢や、激しい揺れの方向が偶然にも機械に深刻なダメージを与えることがなかったなどの、様々な幸運が重なったと思われる。

天文科学館の被害は甚大で、建物に入った亀裂は足し合わせると延べ6キロメートルに及んだ。一時は天文科学館の閉鎖も検討されたが、プラネタリウムが無事であることも後押しとなって、閉鎖しないことになった。復旧工事に伴う休館は3年2ヵ月に及んだ。当時、設備担当職員だった長尾高明（ながおたかあき）（後の館長）は、プラネタリウムの投影機のメンテナンスを行い、機械がさび付かないよう週に一度はランプを点け、モーターを動かした。リニューアルに伴う多くの事務処理などをこなしながらの作業は、本当に大変だったと思う。長尾の震災復興にかける強い想いと丁寧な技術がなければ、UPP23／3が現役を続けることは不可能だった。筆者は、1997年にリニューアルの際の学芸員として、採用された。長尾に連れられ、工事中の館内でプラネタリウムと対面した。UPP23／3は静かに再開の日を待っていた。

1998年3月に再開した時、4日間で2万人の来館者があった。筆者のプラネタリウム投影のデビューでもあった。操作はおぼつかないところがあったが、満天の星を映し出

阪神淡路大震災後の復旧工事中の明石市立天文科学館プラネタリウム

すと、歓声が上がった。人々が、プラネタリウムの星の光に、震災復興の希望を重ねていることを強く感じた。

　プラネタリウム投影機は震災復興の象徴になった。その後、恒星原板の取り換えや光源のハロゲン化などを行い、開館当初よりも現在の方が星は美しく投影されていると思う。ドイツ人技師によるメンテナンスも定期的に行われている。多くの来館者が伝統的な投影を楽しみ、プラネタリウムは明石市の「たからもの」となっている。映画に登場したこともある。ツァイス・イエナ社製ＵＰＰ23／３は２０２３年現在も稼働中で、日本国内現役最古（アジアでも現役最古）となっている。

人と人をつなぐプラネタリウム

　プラネタリウムを介して人のつながりが広がる例は全国にある。

　広島のプラネタリウムの歴史は１９６０年、広島電鉄が楽々園遊園地の中に直径18メートルドームのプラネタリウムを作り、千代田光学精工のノブオカ式Ｓ型を設置したことから始まる。運営の一人として関わったのが当時広島大学の学生だった佐藤健だ。佐藤は、広島大学の村上忠敬とともに広島天文同好会の顧問を務め、広島における天文普及の中心人物となっていた。学生時代より同好会に所属し、佐藤と交流を深めていた加藤一孝は、

1980年に広島市こども文化科学館が開館することになると、佐藤からの誘いで一緒にプラネタリウム担当となった。投影機はミノルタ製のMS‐20ATが設置された。サンシャインプラネタリウムに次ぐ2館目としてミノルタ製自動制御システムが導入された。当時最新鋭の投影機が設置され、オート番組が売りになるはずだった。

ところが、広島市役所はプラネタリウムの番組も自動的に出来上がると誤解しており、番組を制作する予算は全くない状態でスタートした。佐藤と加藤一孝は、途方にくれたものの、自前で番組を制作する体制を組み、佐藤がシナリオ、加藤がプログラミングというチームで自主制作番組を作り上げたという。加藤は「こども文化科学館のプラネタリウム番組や運営を佐藤氏と一緒に作り上げてきましたが、佐藤氏の天文に対する大いなる知識と熱意と人脈がなければ、到底今のような体制は出来上がってはいなかっただろうと思います」と語っている。佐藤と加藤を慕って多くの若者が同館を訪れ、広島エリアで天文に興味を持つ人たちの輪が広がっていった。

河原郁夫は東日天文館で見た星空に感激して、プラネタリウムとともに人生を歩んだ。五島プラネタリウムの開館時のメンバーとなった後に、1962年に神奈川県立青少年センターに移籍した。同センターのプラネタリウムを拠点として、河原は多くのプラネタリウムに関わる人を育成し、河原の元に集まるプラネタリウム関係者は、「河原学校」と呼ばれた。

１９７１年、川崎市青少年科学館が開館した。プラネタリウムの担当には、神奈川県立青少年センターで河原郁夫の部下だった若宮崇令（後の館長）が入った。若宮は、河原からの教えを活かし、生解説を基本とするとともに、市民に開かれた博物館を意識した。若宮の元には多くの市民や子どもたちが訪れた。その１人が当時小学６年生だった大平貴之である。大平は若宮の手ほどきでプラネタリウムの魅力にひき込まれていった。施設老朽化に伴い、２０１２年にプラネタリウムを含めたリニューアルを行った際、大平貴之が開発したメガスターⅢフュージョンが設置された。旧プラネタリウムの五藤光学製ＧＭⅡ-Ｔ型は保存展示され、歴史の継続の象徴となっている。

１９７６年、平塚市博物館が開館し、プラネタリウムが設置された。準備室の岩上洋子は神奈川県立青少年センターに通い、河原からプラネタリウム操作の指導を受け、総合博物館におけるプラネタリウム担当の学芸員を置くことの重要性などの多くの助言を得たという。そして、開館時に学芸員として採用されたのが鳫宏道（後の館長）である。鳫は、五島プラネタリウムに熱心に通った経験をもつ。そんな鳫を慕って、平塚市博物館のプラネタリウムにも多くの市民や学生が集まった。その時の若者たちがいまや中堅からベテランの職員となり、プラネタリウムに限らず様々な場面で活躍をしている。

仙台市天文台は、１９５５年に企業や市民の寄付により仙台市青葉区西公園に開館した。初代台長の加藤愛雄や２代目台長の小坂由須人は、市民に開かれた天文台を実践し、多くの若者が天文台に集まった。学生の頃から仙台市天文台に入り浸り、それがきっかけで宮城県大崎市の大崎生涯学習センター（パレットおおさき）でプラネタリウム担当になったセンター長の遊佐徹は次のように語っている。

「小坂台長の下に集まる若者は、観測や研究に明け暮れ、小坂学校と呼ばれていました。私は天文台職員の小石川正弘さんに天体観測の面白さを教わりました。ご近所の白河天体観測所の藤井旭さん、大野裕明さんらもよく出入りされて、仙台市天文台は全国の天文ファンの憧れでした」

天文学者の土佐誠も、学生時代から仙台市天文台に出入りした経験を持つ。小坂からトサボーと呼ばれ、可愛がられた土佐は、やがて東北大学で銀河物理学の教授となった。現在は仙台市天文台の名誉台長を務めている。

プラネタリウムは、１９６８年、河北新報の寄付により設置された。直径16メートルドームで、五藤光学研究所のM-2型が置かれた。東北地方最初のプラネタリウムは天文普及活動で大活躍した。機種は時代とともに更新され、１９７３年に五藤光学製のGM-15-T、１９８６年にGMⅡ-Spaceが設置された。小坂はプラネタリウムの活用法についても研究を行った。河原郁夫とともに、全国の五藤光学製プラネタリウムユーザーを中心に指導的な役割を果たした。

同天文台の高橋博子は、プラネタリウムの投影で幼児向けの工夫を行った。

「大きくて存在感満点の投影機に命を吹き込んでみたら、より親しみを持ってもらえると考えました。投影機がプラネくんというキャラクターとして喋(しゃべ)ると子どもたちは大喜び。いつしか自分も投影機をプラネくんと呼んでいました。1メートルくらいもあるプラネくんぬいぐるみを作ったら、大人女子からも可愛がられました。そして、子どもたちとコミュニケーションをとりながらの生解説をするため、生解説とプラネくんが登場する自作番組の組み合わせで行った『プラネくんとあそぼう!』を制作しました。大好評で、家族向けの番組としてシリーズ化されました」

GMⅡ-Space（なかのZERO）

高橋博子を慕って多くのプラネタリウム担当者が仙台を訪れた。生解説とオート番組を組み合わせ、プラネタリウムの機械を擬人化して親しみを持たせる工夫は、各館に持ち帰ったという。2007年、施設の老朽化と地下鉄工事のため、錦ケ丘(にしきがおか)に移転し2008年に新天文台が作られた。新しい天文台には、東北地方で最大の口径1・3メートル反射望遠鏡が設置された。2011年に発生した東日本大震災で、天文台の設備はほぼ無事だったが、東北地方の被害は甚大だった。大震災の夜、大停電の被災地を満天の星の輝きが照らした。これを見た被災者から寄せられた星と震災にまつわるエピソードをもとに高橋博子、大江宏典が企画した番組が制作された。この作品は、大きな反響を呼んだ。３月をメインとして全国で繰り返し投影され、防災教育に役立てられるとともに、震災と星空と博物館の貴重な記録にもなっている。

　プラネタリウムは２０２３年にリニューアルし、五藤光学研究所製ケイロンⅢが設置された。プラネくんは丸い形になり、来館者から親しまれている。旧天文台のプラネタリウムＧＭⅡ-Spaceは展示フロアに置かれ、歴史の継続の象徴となっている。

　五藤光学製ＧＭⅡ-Spaceを現役で使用しているのは、東京都中野区なかのＺＥＲＯプラネタリウムだ。１９７２年に開館した、都内の公開されているプラネタリウムでは最古の施設となる。現在の投影機は１９８６年に設置されたものだ。初代解説員の佐藤教仁は五島プラネタリウムで星の魅力にはまった。その佐藤の投影に憧れ、プラネタリウムに通い詰めた大楽陽子が現在の解説員を務めている。親しみのある生解説の伝統は健在だ。

　個性あふれるいろんな人たちがプラネタリウムに命を吹き込んだ。プラネタリウムが生んだ人のつながりと育成は、各地で見られ、今も広がっている。

多様化するプラネタリウムの可能性

米国などではエアドームにピンホールのプラネタリウムを製作し、エアドームとともに車に積み移動して、訪れた町での天文普及に役立てていた。日本でもプラネタリウムを移動させ活用する例は古くから多くある。

２００６年、大阪市立科学館ではエアドームと小型プラネタリウムを導入した。学芸員の渡部義弥（わたなべよしや）は、こうした移動可能な小型プラネタリウムをモバイル・プラネタリウムと名付けた。この頃からエアドーム式のプラネタリウムが急速に普及し、日本国内各所でモバイル・プラネタリウム事業が立ち上がった。商業施設や学校の体育館などにプラネタリウムの場が広がっている。

移動式プラネタリウムを病院で投影している例がある。山梨県立科学館でプラネタリウムを担当していた高橋真理子（たかはしまりこ）は、「すべての人に星空を」という想いで、「星つむぎの村」という団体を立ち上げ、様々な場所でプラネタリウム投影を行っている。特に難病のために外出が困難な人たちに向けた病院でのプラネタリウムの実践は、多くの共感を呼んでいる。また、自宅で気軽に楽しめる家庭用プラネタリウムはヒット商品になっている。玩具メーカーのセガトイズは大平貴之の協力を受け、２００５年に家庭用プラネタリウムホームスターを発表、シリーズ累計１７０万台を販売している。最近はＶＲ技術を使った試みなども行われ、パーソナルなプラネタリウムも広がっている。

ドーム空間の可能性を探る取り組みも多く行われている。伊丹（いたみ）市立こども文化科学館では、秋の夜に虫の鳴く音を楽しむ日本の文化をプラネタリウムに取り入れ、伊丹市昆虫館と協力し、星と虫をテーマとしたプラネタリウム投影を行った。富山市科学博物館では、天文系と自然史系の学芸員の連携により、放散虫の構造をドームスクリーン全面に投影するなどの試みも行われている。

プラネタリウムで生演奏が行われる音楽イベントは多くの館で実施されている。ホテルマンから転じたミュージシャン兼コメディアンという異色の経歴を持つ田端英樹（たばたひでき）は、「星兄（ほしにい）」というタレント名で、ユーモアたっぷりのプラネタリウム解説を行い、各地のプラネタリウムで大人気となっている。

明石市立天文科学館では、日本標準時子午線にちなんでシゴセンジャーというヒーローがプラネタリウムに登場する。学芸員の鈴木康史（すずきやすひと）と筆者が中心となって企画された子ども向けのプログラムだ。シゴセンジャーは、投影中に乱入したブラック星（ほし）博士と天文クイズで対決する。子どもたちだけでなく大人にも大人気となっていて、天文教育普及への貢献により、シゴセンジャーは、２０１８年に小惑星の名前となった。また、同館の企画で人気を呼んでいるのが、プラネタリウムで眠るという企画「熟睡プラ寝たリウム」である。多

移動式プラネタリウム

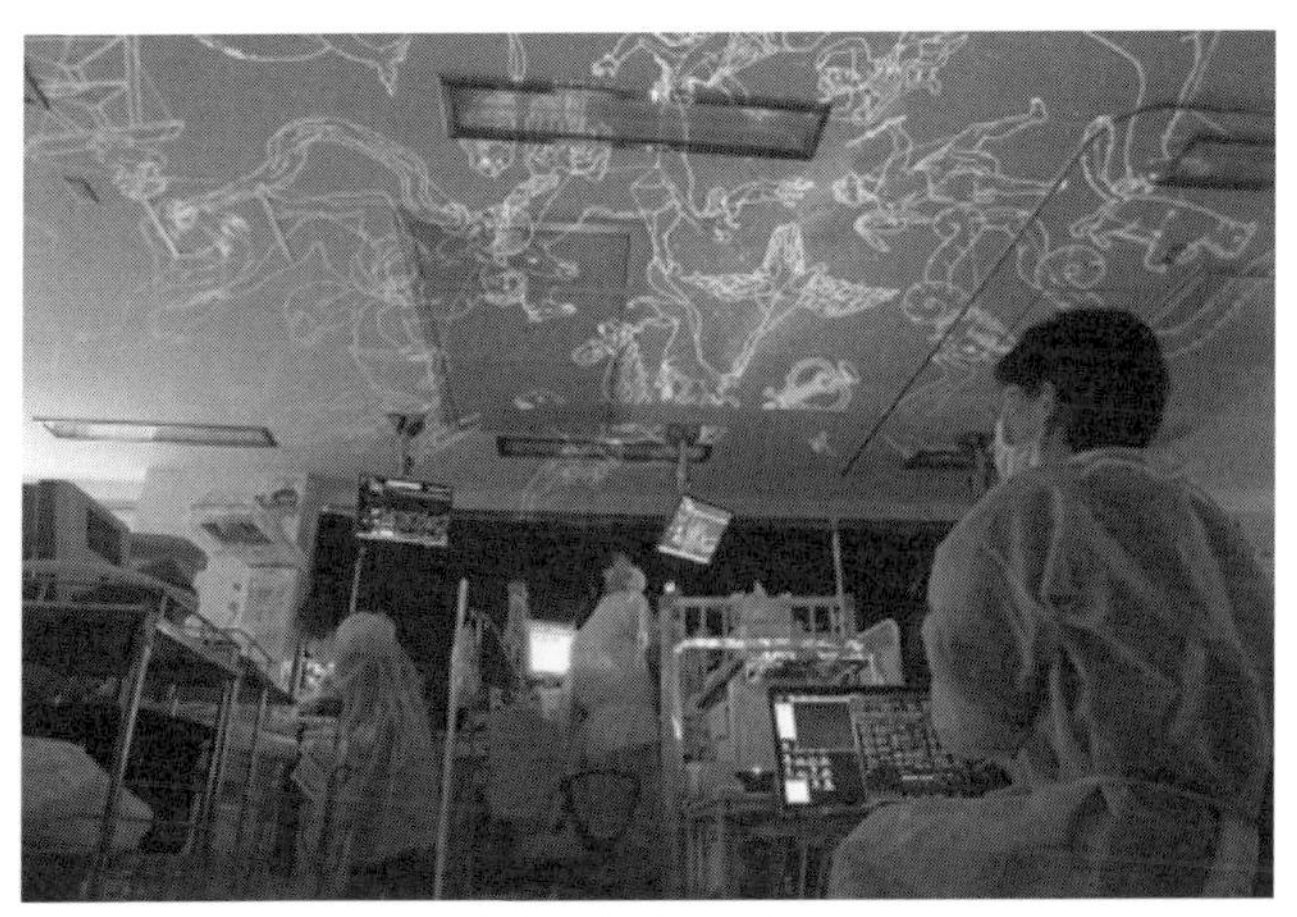

病院のプラネタリウム

熟睡プラ寝たリウム

全国の天文キャラクターとシゴセンジャー

くの人が、枕を抱えて参加し、星空の下で説明を聞きながら気持ちよく眠る参加者大満足のイベントとなっている。このプラネタリウムで眠るイベントは、全国に広がり、2022年には、50ヵ所以上の館で実施された。熟睡プラ寝たリウムの人気には、プラネタリウムの魅力に関して何か重要なヒントが隠れているかもしれない。失われつつある満天の星に身を委ね、「眠るのも起きるのも自分次第」「自分もかかわってみんなが眠っているという場を作る」と感じられる点は、究極の参加型プラネタリウム、と言えるのかもしれない。

プラネタリウムはまだいろんな可能性を秘めているようだ。

宇宙開発の夢とプラネタリウム

プラネタリウムは宇宙開発と深く結びついている。1926年、ツァイスⅡ型が登場した頃、米国では宇宙旅行に憧れたロバート・ゴダードがロケット実験を行った。それは数十センチほどの小さなものだったが、液体燃料による重要な実験だった。宇宙への憧れは時代とともに進んだ。ドイツではフォン・ブラウンがロケット開発に取り組んだ。ロケット技術はナチスによりミサイルに使用された。彼にとっては不本意なことだった。

1945年、フォン・ブラウンは米国に亡命した。この時ドイツに残したロケットの技術は、ソ連の手に渡った。ソ連の開発の中心にいたのはセルゲイ・コロリョフだった。彼もまた、宇宙旅行に憧れを持つ技術者だった。コロリョフの元、ソ連はロケット技術を完成させ、1957年、人類初の人工衛星スプートニクを打ち上げた。スプートニクは世界を驚かせたが、とりわけ米国では大きなショックを受けた。遅れを取り戻すため、米国政府は国民の宇宙教育を重視した。スピッツ社のプラネタリウムが量産され、米国各地に設置された。この動きは、宇宙ブームを作った。1950年代後半、日本で国産プラネタリウムが次々に誕生したのは、スプートニク・ショックによる宇宙ブームの影響が大きい。

1961年にソ連のガガーリンが宇宙飛行に成功した。宇宙開発でまたしてもソ連に先んじられた米国はフォン・ブラウンを宇宙開発の中心に据え、月を目指した。1969年7月、アポロ11号が月面に着陸し、世界中の人々が、月からの生中継に息をのんだ。日本では21日深夜に五島プラネタリウムにおいて、NHKがヒューストンから衛星中継を行い、アポロ11号の月面着陸をレポートした。この時期、多くの人がプラネタリウムに訪れ、アポロ11号の興奮の余韻に浸った。プラネタリウムは宇宙への扉になった。

プラネタリウムは、宇宙飛行士の訓練にも使用された。架台回転ができ、月面における日周運動などの機能を持つ投影機が開発されたのもこの頃である。プラネタリウムを使った訓練では、宇宙船から見た星を覚え、機械トラブルがあった場合に備えた。このようなシミュレーター機能はデジタル・プラネタリウムの誕生につながった。

宇宙飛行士の山崎直子(やまざきなおこ)は、2010年にスペースシャトルに搭乗し、国際宇宙ステーションに滞在した。山崎は次のように語っている。

「幼少期、地元の千葉県松戸市のプラネタリウムが大好きで、よく通っていました。季節ごとに変わる星座の話を聞くことがとても大好きでした。そして星も私たちの体も同じ宇宙のかけらでできていることを知り、遠いと思っていた宇宙がとても身近に感じられるようになりました。それが宇宙に対する興味を深めていくきっかけとなりました。

訓練中にとても嬉しかったことがあります。NASAの宇宙飛行士の訓練の中では、プラネタリウムを使ったものがあったのです。主要な星の位置関係を学んでいくものでした。スペースシャトルが国際宇宙ステーションに近づいていく際には、レーダーを使うのが基本ですが、レーダー装置が故障した時に備えて、スタートラッカーといって、主要な星から宇宙船の位置を割り出す装置を使います。スタートラッカー・センサーが正常に働いているかを確認するために、スペースシャトルには星座盤なども搭載されていました。私にとってとても大好きな訓練でした。実際に2010年に国際宇宙ステーションを訪れたとき、なんとスペースシャトルのレーダーが使えなくなってしまい、

プラネタリウムで訓練する宇宙飛行士

まさに星から宇宙船の位置を割り出すという航法を使ったのです」

プラネタリウムが誕生した時、人類が宇宙へ行くことはまだ夢のまた夢だった。プラネタリウムの100年は、人類の宇宙への進出を受け止めたのだ。

天文学とプラネタリウムの100年

天文学の発展とともに、眺めていた光の意味が変わっていく。たとえば、天の川は、肉眼でぼんやりと見える。古くはミルキーウェイ（乳の道）とか、天を流れる川に見立てられた。17世紀にガリレオは天体望遠鏡によって、天の川が星の集まりであることを発見した。18世紀、ウィリアム・ハーシェルは天体望遠鏡による観測から、宇宙全体では恒星は円盤状に分布していることを示した。これは銀河系の姿を最初に描いたもので、恒星の一つ一つが太陽と同じような天体であるならば、この世界は想像を超えて大きなものであることを示していた。

さらなる発展があった。アンドロメダ座にある天の川の切れ端のようなぼんやりした光は、古い時代から肉眼で見えていたが、望遠鏡を使ってもその正体はよく分からなかった。この光はアンドロメダ星雲とよばれた。20世紀初め、アンドロメダ星雲よりも暗くて小さいが、特徴が似た天体が星空のいたるところにあることが知られるようになった。

1920年4月、米国で「ザ・グレート・ディベート（大論争）」と称された討論会が行われた。討論会では、宇宙の大きさはどれくらいかということが論じられ、アンドロメダ星雲のような天体が銀河系の中にあるのか、外にあるのかということが議論された。当時の人々は、銀河系を宇宙全体と思っていたが、もしこれらの星雲が銀河系の外にあるということになれば、銀河系ほどの大きさの天体が無数にあり、想像を絶するほど宇宙は大きいということになる。これは人類の宇宙観を根底から揺さぶる話だった。討論では決着がつかなかった。

米国の天文学者エドウィン・ハッブルは論争に決着をつけるため、アンドロメダ大星雲までの距離を測定すればよいと考えた。そのために、ウィルソン山天文台に完成したばかりの2・5メートル巨大反射望遠鏡でアンドロメダ星雲の写真を撮り続けた。執念が実り、1923年10月6日、ハッブルは撮影した写真から距離測定に役立つセファイド型変光星を見つけ出した。写真には「VAR!」（Variable star＝変光星の略）の文字と日付が手書きされている。「!」にはハッブルの感動が込められている。こうして求められた距離から、アンドロメダ星雲は銀河系の外であることが明らかになった。やがてアンドロメダ星雲ではなくアンドロメダ銀河とよばれるようになった。宇宙には数千億の銀河があり、我々の銀河系は、そのひとつであることが明らかになった。

プラネタリウムの100年史は、天文学の大発展の時期と重なっている。ツァイス社のバウワースフェルトがプラネタリウム作りを開始したのは、ザ・グレート・ディベートが開催された1920年である。ハッブルが大発見をした1923年10月、ドイツではプラネタリウムが試験公開され、人々は星の輝きに驚いたが、その星の光は、その後の天文学の発展によってさらに感動的なものとなった。

様々な観測方法で宇宙の理解が進んだ。電波、X線、赤外線といった電磁波による宇宙の観測が行われ、目には見えない宇宙の姿が明らかになっていった。近年では、ニュートリノや重力波も観測されるようになっている。

人工衛星による恒星の観測データは、光学式プラネタリウムを製作するときの重要な基礎データとなった。最新の観測データはデジタル・プラネタリウムで表現され、宇宙の姿はより臨場感をもって体験できるようになった。ハッブル宇宙望遠鏡やすばる望遠鏡、最近ではALMA望遠鏡やジェームズウェッブ宇宙望遠鏡は、研究用だけでなく広報用としても、美しい宇宙の姿を人々に提供している。惑星探査も進んでいる。ボイジャーやカッシーニ、はやぶさなど数々の太陽系探査機による惑星や小惑星などの姿が、プラネタリウムで紹介され、人々が宇宙の新発見に触れる場となっていった。

近代プラネタリウムが誕生した頃は、20世紀の科学を革命的に発展させた相対性理論と量子力学の黎明期でもあった。アインシュタインが産み出した相対性理論を研究すると、不変と思われた宇宙が実は膨張しているということになった。アインシュタイン自身でさえその結果に戸惑ったが、宇宙の膨張はエドウィン・ハッブルによって観測的に証明された。これはまた大変なことだった。膨張する宇宙を逆算すると、過去の宇宙は小さく集中していたことになる。宇宙はビッグバンと呼ばれる火の玉のような状態から始まったのだ。膨張とともに温度と密度が下がり、その過程で元素ができ、恒星や銀河が誕生した。こうした過程は天体物理学などで理解されるようになり、銀河系の中に点在しているガス星雲の中から恒星が誕生することがわかってきた。つまり遠い昔、太陽系はこのような場所で誕生したことになる。そこからまた驚くべき結論が出てくる。地球に暮らす人間の遠いルーツは宇宙である、ということだ。星も人間も同じ宇宙のかけらである。人間が、星空を眺め、美しいと思うということは、改めて考えるととても不思議なことに思える。宇宙が自分自身を眺めて感動しているのだ。

プラネタリウムは、宇宙を見る場所であり、自分自身を眺める場所でもある。そんな空間を人間は長い年月をかけて作ってきた。プラネタリウムは宇宙の中で最も不思議な場所なのかもしれない。

おわりに

プラネタリウムの長い歴史を見てきた。どの時代にも面白い人がいて、熱い想いを持っていた。執筆中、筆者は先人と語るような気持ちになることがあった。プラトンが星空をつくる機械を見たら「これがイデアだ」というのだろうか。アリストテレスは「この複雑さこそが宇宙の真理だ」などと反論するのだろうか。バウワースフェルトがそこに居合わせたらどう説明するのだろうなど、執筆中に楽しく妄想した。個々のエピソードの積み重ねが歴史を作っている。

人類史の大きな流れもプラネタリウムの誕生と発達に大きな影響を与えていることも実感した。『第三の波』という本がある。米国の未来学者アルビン・トフラーによる著作で、1980年に出版されベストセラーになった。同書でトフラーは、人類史上の革命的な出来事を「波」に例えて論じた。第1の波は農業革命で、大量の食糧の生産が可能となり、社会が形成され、文明を生んだ。第2の波は産業革命で、近代科学の急速な発達により工業技術が飛躍的に進み、人々の生活スタイルを変えていった。トフラーは、「次にやってくる第3の波は情報革命である」と予言した。予言は見事に当たった。インターネットの誕生やスマートフォンの普及、巨大IT企業の出現などに象徴されるように、情報革命によって人類は情報社会という新しい時代に入っている。

3つの波とプラネタリウムの関係を考えてみよう。第1の波「農業革命」では、農耕を行うためのカレンダー作りから天文学が生まれた。天文学を理解する装置として天球儀や天体運行儀が作られた。第2の波「産業革命」によって生まれた技術（特に電気技術）を使って、近代的な投影式プラネタリウムが誕生した。トフラーが『第三の波』を執筆したころ、米国でデジタル・プラネタリウムが誕生した。今後、プラネタリウムが情報革命の波をどのように受け止め発展するのか、ということは興味深いテーマだ。筆者はプラネタリウムの未来には、楽しみがとても多いと感じている。

プラネタリウムを最初のバーチャル・リアリティ（VR）とするとらえ方がある。VR技術の進化は目覚ましく、今後大発展することは間違いない。すでにVR空間にプラネタリウムが登場している。VR空間という場でプラネタリウムはさらに広がっていくだろう。一方で、リアルなドームに投影される星々は、時代を超えて人々を感動させるだろう。「イエナの驚異」は、暗闇に輝く星空への驚きであった。ところがプラネタリウムで人間が無限の宇宙を感じることができる理由は、あまり研究されていない。今後、プラネタリウムで見る星空がなぜ魅力的なのかという心理学的な研究が深まることに期待したい。

人工知能（ＡＩ）によって自動生成された星空解説が登場する日も遠くないだろう。過去の解説者の解説音声が分析・研究されるかもしれない。プラネタリウムにおける人工知能の話題になると、筆者には「planetarian（プラネタリアン）」（ビジュアルアーツ制作）という映像作品が思い浮かぶ。本作はゲームとしてリリースされ、後にアニメ化された。作中の舞台は近未来で、解説員を務める少女のアンドロイド「ほしのゆめみ」と明石（あかし）市立天文科学館のツァイス・イエナ社ＵＰＰ23／3をモデルとした投影機「イエナさん」が登場する。感動的なストーリーにより多くの熱心なファンを持ち、本作品がきっかけでプラネタリウムに興味を持ったという人も多い。物語の世界では人工知能と人間が共存している。作品を見ている人々はその世界観を自然に受け入れている。フィクションはしばしば現実になる。人間の解説者を人工知能がサポートし、魅力的なプラネタリウムが産み出される未来が楽しみになってくる。

プラネタリウムで語られる内容はどうなっていくだろう。天文学や宇宙開発の分野は今後ますます発展していくだろう。地球外生命の発見、火星への人類到達など今後も楽しみなテーマは膨大にある。将来月面基地が作られたら、そこにプラネタリウムが建設され、人々を癒す場になるかもしれない。

プラネタリウムは星の文化を語り、保存する場でもある。有史以来、星空の下で人々が集まって星の話を聞くという場はほとんどなかった。プラネタリウムは、各地に散らばっていた星の文化を共有することを可能にした。星座のギリシャ神話も魅力的だが、世界の多様な星の話も興味深い。南山大学の後藤明（ごとうあきら）は、太平洋における星を使った航海術をプラネタリウムで再現する取り組みを行っている。星の和名研究家の北尾浩一（きたおこういち）は、全国各地の農村や漁村などで出会った人との会話の中から、生活の中で伝えられる星の和名を収集するという調査をしている。生活と共にあった星の文化を風化させることなく、伝えていくことはプラネタリウムの重要な役割となるだろう。

本書では紹介しきれなかったが、日本、そして世界の各プラネタリウムでは、生活に根差した取り組みや、先駆的な事業が数多くなされている。こうした取り組みの中に、未来につながるプラネタリウムの役割が生まれてくるのだと思う。新しいプラネタリウムの活用方法や魅力が発見されることも期待したい。プラネタリウムの可能性は、星の数ほど無数にある。やはり楽しみで仕方ない。

ここまでプラネタリウムの歴史の長い旅に付き合っていただいたことに深く感謝する。

プラネタリウムに出かけよう。本書を読んだあなたには、必ず新しい発見があるだろう。あなたのプラネタリウム体験は次の１００年の歴史の１ページである。

＊

執筆にあたり、日本プラネタリウム協議会（ＪＰＡ）の関係者をはじめ、多くの方々の協力をいただきました。特にお世話になった方々は以下のとおりです。心から感謝します（敬称略）。

第1章、第2章：佐々木勝浩、小島敦、藤村シシン、伊東昌市、弘田澄人、小石川正弘、毛利勝廣

第3章：ドイツ博物館、ツァイス社、三好心、フーゴ・メルクレ、ハンス・コッペン、ハンス・ビーランド、田部一志、村松修、伊東昌市、児玉光義、真貝寿明、西香織、中山満仁、吉岡翼、広橋勝、齊藤美和

第4章：嘉数次人、加藤賢一、工藤章、小川誠治、北尾浩一、村松修、毛利勝廣、河野健三、菅野松男、伊東昌市、弘田澄人、原秀夫

第5章、第6章：田部一志、伊東昌市、コニカミノルタ、鈴木孝男、須田正貴、増田善久、小川茂樹、藤掛曜平、中山武廣、五藤光学研究所、児玉光義、笠原誠、明井英太郎、熊切邦彦、冠木レオ、桑原永介、小川拓成、大平技研、大平貴之、田中遥香、大渡恵子、春日了、鳫宏道、毛利勝廣、嘉数次人、村松修、永田美絵、黒田武彦、加藤賢一、安藤亨平、齋藤正晴、毛利裕之、古屋昌美、上玉利剛、木村かおる、松尾厚、高橋博子、遊佐徹、渡辺誠、弘田澄人、大谷祐司、西谷尚之、高幣俊之、上山治貴、丸川章、北尾浩一、加藤治、小野田淳子、長尾高明、鈴木康史、田島利子、新井達之、渡部潤一、縣秀彦、津村光則、熊森照明、本部勲夫、中山満仁、高須匡紀、松沢大樹、吉池美咲、高橋真理子、山崎直子

本書はＫＡＤＯＫＡＷＡの伊集院元郁氏、編集ライターの高井智世氏の両名のご尽力により世に出ました。また、休日の多くの時間を執筆にあてることを許してくれた家族の理解に助けられました。日頃活動を応援くださっている関係各位、明石市立天文科学館スタッフ、星の友の会の会員さん、来館される方々、メディアの方々、全国の天文仲間たちなど、日頃の天文を通じた楽しい交流は、筆者の活動のエネルギー源になっています。この場を借りまして感謝します。

図版提供一覧

［第１章］ P.35：ボローニャ大学，P.38：メトロポリタン美術館，P.39：フランス国立図書館，P.42：矢治健太郎，P.44：小石川正弘，P.45：早稲田大学図書館，P.47 上：Science Photo Library/ ユニフォトプレス，P.47 下：フランス国立図書館，P.49：弘田澄人

［第２章］ P.56：伊東昌市，P.58：セイコーミュージアム銀座，P.73：Bridgeman Images/ ユニフォトプレス，P.75：大阪市立科学館，P.79：佐藤健

［第３章］ P.87, 91, 94, 102, 103, 105, 109, 111, 117：Courtesy of ZEISS，P.107：ドイツ博物館

［第４章］ P.133：© 手塚プロダクション，P.136：毎日新聞社・小川誠治，P.142, 145：Courtesy of Smithsonian Institution Archives，P.143：カリフォルニアアカデミー モリソンプラネタリウム，P.153：村松修，P.157：明石市立天文科学館，P.159：名古屋市科学館

［第５章］ P.166：コニカミノルタ，P.177：五藤光学研究所，P.178：五藤光学研究所 仙台市天文台，P.182, 184：大平技研，P.189：安藤享平，P.194：浜松科学館

［第６章］ P.208, 211 下, 223, 228：コニカミノルタ，P.211 上：五藤光学研究所，P.225：KAGAYA，P.227：アストロアーツ（協力・上坂浩光），P.233：川崎市青少年科学館，P.246：明石市立天文科学館，P.238：Courtesy of ZEISS，P.251：五藤光学研究所，P.255 下：高橋真理子，P.255 上：小関高明，P.256：明石市立天文科学館，P.259：ユニフォトプレス

P.14, 16, 17, 112：八王子

参考文献一覧

［第1章、第2章］
高橋憲一 訳『近代科学の源をたどる 先史時代から中世まで』朝倉書店、2011年
O・ノイゲバウアー／矢野道雄、斎藤潔 訳『古代の精密科学』恒星社厚生閣、1990年
近藤二郎『星の名前のはじまり　アラビアで生まれた星の名称と歴史』誠文堂新光社、2012年
近藤二郎『星座の起源　古代エジプト・メソポタミアにたどる星座の歴史』誠文堂新光社、2021年
B.E. シェーファー「最新の天文考古学「星座の起源」」『日経サイエンス』2007年2月号、日経サイエンス
クリストファー・ウォーカー 編／山本啓二、川和田晶子 訳『望遠鏡以前の天文学　古代からケプラーまで』恒星社厚生閣、2008年
アラトス、ニカンドロス、オッピアノス／伊藤照夫 訳『ギリシア教訓叙事詩集』京都大学学術出版会、2007年
ピーター・ウィットフィールド／有光秀行 訳『天球図の歴史　人は星空をどのようにイメージしてきたか』ミュージアム図書、1997年
金澤周作、藤井崇ほか編『論点・西洋史学』ミネルヴァ書房、2020年
竹下哲文『詩の中の宇宙　マーニーリウス『アストロノミカ』の世界』京都大学学術出版会、2021年
アダム・タカハシ『哲学者たちの天球　スコラ自然哲学の形成と展開』名古屋大学出版会、2022年
三村太郎『天文学の誕生　イスラーム文化の役割』岩波科学ライブラリー、岩波書店、2010年
廣瀬匠『天文の世界史』インターナショナル新書、集英社インターナショナル、2017年
山田五郎『機械式時計大全』講談社選書メチエ、講談社、2021年
山口隆二『時計』岩波新書、岩波書店、1956年
矢野道雄『星占いの文化交流史 新装版』勁草書房、2019年
中山茂『占星術　その科学史上の位置』朝日文庫、朝日新聞社、1993年
セブ・フォーク／松浦俊輔 訳『アストロラーベ　光り輝く中世科学の結実』柏書房、2023年
三浦伸夫『数学の歴史　改訂版』放送大学教育振興会、2019年
マイケル・S・マホーニィ／佐々木力 編訳『歴史の中の数学』ちくま学芸文庫、筑摩書房、2007年

小林頼子『もっと知りたいフェルメール　生涯と作品』東京美術、2007年
西田雅嗣、矢ヶ崎善太郎 編『カラー版 図説 建築の歴史　西洋・日本・近代』学芸出版社、2013年
James Evans, *The History & Practice of Ancient Astronomy*, Oxford University Press, 1998.
Eric Bruton, *The History of Clocks and Watches*, Orbis Publishing, 1979.
Helmut Werner, *From the Aratus Globe to the Zeiss Planetarium*, Verlag Fischer Gustav, 1957.
Henry C. King, John R. Millburn, *Geared to the Stars: The Evolution of Planetariums, Orreries, and Astronomical Clocks*, University of Toronto Press, 2011.

[第3章]
伊東昌市『地上に星空を　プラネタリウムの歴史と技術』裳華房、1998年
児玉光義「プラネタリウム技術の系統化調査」『国立科学博物館技術の系統化調査報告 29』2020年
鶴田匡夫『光の鉛筆（プラネタリウム1～7）』アドコム・メディア
山田卓「プラネタリウム図鑑」『天文と気象』1978年1月号～1980年11月号 地人書館
高城武夫「プラネタリウム」宮地政司 編『新天文学講座 第11巻　天文台と観測器械』恒星社厚生閣、1958年
アーミン・ヘルマン／中野不二男 訳『ツァイス　激動の100年』新潮社、1995年
広瀬秀雄『天文学史の試み　誕生から電波観測まで』誠文堂新光社、1981年
飯田豊『メディア技術史　デジタル社会の系譜と行方』北樹出版、2017年
Walter Villiger, *Das ZEISS-planetarium*, Vopelius, 2011.
Heinz Letsch, *Captured Stars*, VEB Gustav Fischer Verlag, 1959.
Charles F. Hagar, *Planetarium: Window to the Universe*, Carl Zeiss, 1980.
Ludwig Meier, Der Himmel Auf Erden, *Die Welt der Planetarien*, Johann Ambrosius Barth, 1992.
Dr. Meinl Hans, et al., *Die Welten Maschine,*. Ernst-Abbe Stiftung, 2011.
William Firebrace, *Star Theatre: The Story of the Planetarium*, Reaktion Books, 2017.
Jordan D. Marche, *Theaters of Time and Space: American Planetaria, 1930-1970*, Rutgers University Press, 2005.
Walther Bauersfeld, Projection Planetarium and Shell Construction, *Proceedings of the Institution of Mechanical Engineers*, vol.171, 1957.

[第４章、第５章、第６章]
日本天文学会百年史編纂委員会 編『日本の天文学の百年』(伊東昌市、加藤賢一、黒田武彦ほか「第２章　天文の教育と普及」) 恒星社厚生閣、2008 年
石田五郎『星の文人 野尻抱影伝』中公文庫、中央公論新社、2019 年
『科学画報』1925 年５月号・1937 年５月号、誠文堂新光社
『科学知識』1930 年 11 月号、財団法人科学知識普及会
原口氏雄『星と兵隊』偕成社、1943 年
嘉数次人「日本最初のプラネタリウムとその活動」『天文月報』第 116 巻、第４号、日本天文学会、2023 年
加藤賢一「わが国最初のプラネタリウム　その導入の歴史と関係した人たち」『大阪市立科学館研究報告 17』大阪市立科学館、2007 年
工藤章『ドイツ資本主義と東アジア 1914-1945』桜井書店、2023 年
石橋正『星の海を航く』成山堂書店、2013 年
冨岡一成『ぷらべん　88 歳の星空案内人 河原郁夫』旬報社、2018 年
天文博物館五島プラネタリウム『五島プラネタリウム 44 年のあゆみ』天文博物館五島プラネタリウム、2001 年
白土健、青井なつき 編著『なぜ、子どもたちは遊園地に行かなくなったのか？』創成社新書、2008 年
『明石市立天文科学館 50 周年記念誌』明石市立天文科学館、2010 年
『星空の演出家たち　世界最大のプラネタリウム物語』中日新聞社、2016 年
小林悦子『プラネタリウムへ行きたくなる本』リバティ書房、1992 年
「わいが星空を作ったる！」『サンデー毎日』1959 年５月 17 日発行
『星・空・夢 五藤光学研究所：１９２６－１９９６：GOTO OPTICAL MFG. CO. THE 70th ANNIVERSARY』五藤光学研究所、1996 年
五藤齋三『天文夜話 五藤齋三自伝』1979 年
大平貴之『プラネタリウム男』講談社現代新書、講談社現代新書、講談社、2016 年
『教育のためのプラネタリウム　設置についての基本的な考え方』天文教育普及研究会、1993 年
『プラネタリアン初心者用テキスト　PLANETARIAN' sＨＡＮＤＢＯＯＫ』
加藤一孝「佐藤健さんとプラネタリウム」『日本天文学会天文月報　第 111 巻第８号』2018 年
『ようこそ星めぐり　せんだい天文台だより』高橋博子、河北出版
堂本義雄「天体にかけて」北海道新聞社編『私の中の歴史 ４』北海道新聞社、1985 年
北尾浩一『日本の星名事典』原書房、2018 年
縣秀彦 著／岡村定矩 監修『ビジュアル　天文学史　古代から現代まで 101 の発明発見と挑戦』緑書房、2023 年

井上 毅（いのうえ　たけし）
1969年、兵庫県姫路市生まれ。名古屋大学理学部卒業、名古屋大学大学院理学研究科修了。旭高原自然活用村協会を経て、97年より明石市立天文科学館学芸員、2017年より館長。天文普及に携わり、「世界天文年2009」日本委員会企画委員、金環日食限界線研究会代表、日本プラネタリウム協議会「プラネタリウム100周年記念事業」実行委員長、軌道星隊シゴセンジャーの悪役・ブラック星博士（のマネージャー）などを務める。天文普及への貢献により、小惑星10616は「Inouetakeshi」と命名された。山口大学時間学研究所客員教授。専門は、天文教育、時の文化史、プラネタリウムの歴史など。著書に『時の記念日のおはなし』（明石市立天文科学館）、共著に『時間の日本史』（小学館）などがある。

星空（ほしぞら）をつくる機械（きかい）　プラネタリウム100年史（ねんし）

2023年10月24日　初版発行
2024年３月10日　再版発行

著者／井上 毅（いのうえ たけし）

発行者／山下直久

発行／株式会社KADOKAWA
〒102-8177　東京都千代田区富士見2-13-3
電話　0570-002-301（ナビダイヤル）

印刷所／大日本印刷株式会社

製本所／本間製本株式会社

ISBN 978-4-04-400735-5　C0044